高等职业教育电子与信息大类"十四五"系列教材

U0642162

C语言程序设计
活页式任务实践教程

主　编◎陈亭志　李　渊

副主编◎程利民　周秀珍　张　洲　黄远民　陈　娜

华中科技大学出版社
http://press.hust.edu.cn
中国·武汉

内 容 简 介

本书从学习者的视角出发,精心规划了任务内容和架构体系,旨在打造一部实用且互动性强的学习材料。我们致力于在教学过程中实施以学习者为中心的教学设计和课堂活动。内容上,本书采用任务导向的方法,先展示任务再阐述规则,巧妙地将C语言庞杂的知识点融入各个任务之中。为了帮助学习者更好地理解任务,我们配备了相应的微课和任务单,学习者可以通过填写任务单来检验对微课内容的掌握程度。同时,通过专项训练,学习者能够巩固对C语言语法的理解。

本书共设计了八个由简入难的单元,内容涵盖顺序结构编程、选择结构编程、模块化设计——函数、单层循环应用、多层循环应用、数组应用、指针应用和结构体等多个方面。在架构设计上,每个单元均包含七个核心部分:单元描述、单元目标、任务列表、评价量表、小组分工、学习过程和学习评价。其中,学习过程是单元的核心,我们根据学生的认知规律,设计了五种递进的任务类型:任务呈现、任务示范、补全任务、完整任务和开放任务。学习者可以根据自身情况灵活选择任务类型,以满足个性化学习需求,实现差异化教学。

此外,我们还提供了任务列表、评价量表和自评周记模板,使学习者能够清晰地了解学习目标、学习路径,并在学习过程中进行自我反思和调整,从而培养自主学习能力。

本书适用于C语言爱好者、初学者以及中级开发人员,无论是专科院校还是培训机构,均可作为理想的教材使用。

图书在版编目(CIP)数据

C语言程序设计活页式任务实践教程/陈亭志,李渊主编. —武汉:华中科技大学出版社,2024.6
ISBN 978-7-5772-0806-0

Ⅰ.①C⋯　Ⅱ.①陈⋯　②李⋯　Ⅲ.①C语言-程序设计　Ⅳ.①TP312.8

中国国家版本馆 CIP 数据核字(2024)第 105268 号

C 语言程序设计活页式任务实践教程　　　　　　　　　　　　　　　　陈亭志　李　渊　主编
C Yuyan Chengxu Sheji Huoyeshi Renwu Shijian Jiaocheng

策划编辑:袁　冲　　　　　　　　　　　　　　　　　　　　　　　　责任编辑:狄宝珠
封面设计:廖亚萍　　　　　　　　　　　　　　　　　　　　　　　　责任校对:李　弋
责任监印:朱　玢
出版发行:华中科技大学出版社(中国·武汉)　　　电话:(027)81321913
　　　　　武汉市东湖新技术开发区华工科技园　　　邮编:430223
录　　排:华中科技大学惠友文印中心
印　　刷:武汉科源印刷设计有限公司
开　　本:787mm×1092mm　1/16
印　　张:17.75
字　　数:462 千字
版　　次:2024 年 6 月第 1 版第 1 次印刷
定　　价:59.00 元

▶ 前言

OpenAI公司发布的大语言模型ChatGPT 4.0以及首个文生视频模型Sora,无疑为人工智能时代揭开了崭新篇章。未来已悄然而至,具备计算机编程能力将助力我们更深入地理解并驾驭人工智能技术,无论是用于开发创新软件,还是用于解决各类技术难题。在众多编程语言中,Python、Java、C++等各具特色,而C语言以其作为底层语言的独特优势,依然占据着举足轻重的地位。一方面,C语言允许直接操作内存和硬件,这使得编程人员能够深入洞察并控制代码的执行流程,从而提高程序的效率、优化程序的性能。另一方面,学习C语言有助于编程人员更深刻地理解计算机的工作原理和底层逻辑。因此,C语言程序设计依然稳坐理工科专业的核心基础课程地位。在多年的C语言教学实践中,编者观察到一个普遍现象:学生们尽管能够熟练掌握C语言的语法规则,但在实际编程操作时常常感到无所适从。这主要源于两方面原因:一是缺乏实际应用场景的锻炼,导致理论与实践脱节;二是未能建立起计算思维,难以将问题抽象化并用编程逻辑进行解决。

鉴于此,本书在编写过程中特别注重引入任务案例,如设计健康建议、复利计算、汉诺塔游戏等任务,使学生能够通过编程解析日常生活中的事件或概念。同时,本书还配套了大量编程任务的微课,微课先剖析任务的给定状态和目标状态,再详细解读任务的解决过程,帮助学生逐步找到解决方案。此外,我们还展示了程序编写的三段式结构——程序输入、程序处理和程序输出,并通过DEV C++软件调试运行程序,使学生能够直观地观察计算机执行程序指令的过程、运行结果及可能出现的错误。通过微课讲解,我们实现了隐性思维的显性化,不仅帮助学生理解程序的语法和算法,更重要的是培养他们的计算思维,使他们学会用计算思维来解决问题,为后续的专业课程学习奠定坚实基础。此外,本书还提供了语法讲解训练微课、知识图谱及常见故障分析微课等丰富资源,学生可根据自己的需求选择学习。

在本书编写过程中,我们以任务为导向,设计了从简单到复杂的八个学习单元。每个学习单元都包含单元描述、单元目标、任务列表、评价量表、小组分工、学习过程和学习评价等七个部分。学习过程是每个单元的核心环节。为了贴合学生的认知规律,我们精心设计了五种从引导到自主的任务类型。首先是任务呈现,这一环节旨在让学生对本单元的程序类型有一个全面的认识,为后续学习奠定基础。接下来是任务示范,我们特别设计了融入语法规则的系列情境任务,每个任务都附有完整的程序代码,并配备详尽的微课讲解和任务单,以便学生通过填写任务单来检验对程序的理解程度。随后是补全任务,这一环节的任务提供了部分程序代码,同样配有微课讲解和任务单,旨在检验学生对特定知识点的应用能力。紧接着是完整任务,学生需要根据程序的功能要求,自主编写完整的程序代码,进一步检验他们对知识点的综合应用能力。最后是开放任务,学生需要运用本单元所学的知识点,自主设计包含所有知识点的情境任务,这一环节旨在充分发挥学生的创意能力和知识综合应用能力。这样的任务设计充分考虑了学生的个体差异和学习需求,学生可以根据自身情况灵活选择不同任务类型,实现

I

分层教学和个性化学习。

考虑到模块化编程在C语言中的重要性以及高职学时的限制，我们将函数调用设计在第三个单元，使学生在学习完顺序结构和选择结构后，能够应用前两个单元的知识，设计包含任务调用的模块化程序。在后续的学习中，我们逐渐加强模块化思维的培养，并根据学时灵活组合不同单元。

为了进一步优化C语言教学的整体环境，本书在细节上亦不乏精心的设计。首先，本书巧妙地将案例内容与思政要素相融合，恰到好处地引入了成长思维、高执行力内涵、模型思维、数学之美等思政元素。通过示范任务的抄程序、补全任务的补程序、完整任务的创程序和小组互评的评程序这一思政主线，培养学生实事求是、严谨细致、孜孜不倦和开拓创新的科学精神。其次，本书注重专业英语与任务学习的有机结合。通过程序英文命名、编译错误信息收集、专业英语词汇单元总结以及小组成员互考等多种形式，专业英语学习自然而然地融入日常课程中，有助于提升学生的英语应用能力。最后，本书始终坚持以学生为主体的教学理念。每个单元都提供了清晰的任务单、评价量表和自评周记模板，旨在帮助学生明确学习目标和学习路径，同时鼓励他们反思学习过程，并根据实际情况及时调整学习策略。这样的设计不仅提升了学生的学习效果，也培养了他们的自主学习和自我管理能力。

本书由武汉职业技术学院的陈亭志老师主导全书构架设计、编写体例设计以及微课形式设计，李渊老师则负责全书的统稿工作。具体分工如下：陈亭志老师负责学习单元一、学习单元二、学习单元四、学习单元五、学习单元六的编写以及相应微课的拍摄；李渊老师负责学习单元三的编写以及相应微课的拍摄；程利民老师和武汉华中数控股份有限公司的陈娜共同负责学习单元七的编写；周秀珍老师负责学习单元八的编写以及相应微课的拍摄；张洲老师参与了学习单元一、学习单元二部分微课的拍摄，佛山职业技术学院的黄远民老师则参与了学习单元六部分微课的拍摄。

在本书的编写过程中，我们始终秉持科学、严谨的态度，力求尽善尽美。然而，疏漏和不妥之处仍难以避免，敬请相关专家和广大读者不吝指正。

感谢您选择阅读本书，我们衷心希望它能在编程学习的道路上为您提供有益的帮助和指引。

陈亭志

2024 年 2 月 22 日

�**目录** ▶▶ ▶

学习单元一　顺序结构编程

1.1　单元描述

你是否仍然将计算机视作仅用于上网、聊天和游戏的工具？事实上,大部分人确实如此。然而,当你踏入编程的世界后,你会发现计算机其实是一个强大的工具,能够帮助你培养逻辑思维和编程思维。人类发明的每一样东西都是为了改善我们的生活,计算机也不例外。那么,如果你希望计算机为你做某件事情,首先你需要怎么做呢？没错,你需要与计算机进行沟通。而沟通则需要借助一门语言,一门计算机能够理解的语言。我们即将学习的 C 语言,便是其中的一种。

在这个单元中,我们将首先解决一个问题:如何让计算机"开口说话"？想象一下,当我们人类想要表达时,可以将话语写在纸上,或者直接说出来。目前让计算机通过音箱输出声音还有些复杂,我们可以采用另一种方式——屏幕输出。例如,"hello world!""3＊3＝9""5.2－2.7＝2.5"等。从这些例子中,我们可以看到计算机在输出时,有时输出符号,有时输出整数,有时输出小数,有时甚至输出算术符号,如"＋""－""＊""/"等。那么,计算机是如何完成这些输出和运算的呢？

这正是本单元将要学习的内容。在完成本单元的学习后,你将能够轻松编写任务单中的程序。这些程序有着一些共同点:处理的数据量较少,程序逻辑简单且只有一层,结构清晰,按步骤执行即可,并且初始状态都是给定的。希望通过本单元的学习,你能够与计算机进行简单的交流,并运用所学知识解决生活中的类似问题,设计出自己的程序。

千里之行,始于足下。现在,就让我们一起踏上这段编程之旅吧！

1.2　单元目标

（1）通过学习,学生应能够:

①用自己的语言准确描述标识符、变量、常量、整型、浮点型、字符型以及 ASCII 码等概念。

②熟练运用算术运算符构建正确的表达式。

③阐述常用系统库函数（如 stdio、stdlib、math）的功能。

④掌握输出函数 printf() 的三种格式。

⑤理解 C 语言程序的基本结构。

⑥熟悉常用格式控制符的功能。

（2）学生能够应用所学概念和规则，编写程序以解决如下问题：

①利用 printf() 函数创建具有个人特色的自我介绍函数。

②运用算术运算符和整型数据类型，编写简单超市找零程序、两个数算术运算程序以及四位数逆序输出程序。

③结合算术运算符、整型运算符以及 math 库函数，编写身高转换程序、BMI 指数计算程序、球的体积计算程序以及 y＝sinx 函数等。

④正确绘制程序流程图，并根据编译器的错误提示进行故障排查。

（3）在学习过程中，学生应掌握高效学习方法，培养自我引导的学习习惯，具体体现在以下方面：

①认真细致地填写程序卡片，编写程序时严谨细致，添加合适的注释，并遵循易读性强的编程原则。

②面对困难时保持积极态度，主动与同学和老师交流学习中的疑难问题。

③能够察觉并调整学习过程中自己的情绪，保持积极心态，珍惜每一点进步。

④在小组中承担角色和责任，积极聆听组员的发言，体察他人的情绪，参与小组任务，与组员互相学习、共同进步。

⑤依据任务书和评价量表，自评知识点和程序编写技能的掌握情况，清晰了解自己的学习进展，并根据进度合理安排学习计划。在此过程中，主动寻找资源和帮助，提升自学能力和合作能力。通过自我监控学习过程，逐步培养自我引导的学习习惯。

1.3　任务列表

在电脑端下载并安装 DEV-C 软件，同时在手机端下载 C 语言编译 App。

学习单元一　任务书				
小组序号和名称		组内角色		
小组成员				
准备任务				
1. DEV-C 软件安装				
2. 翻译软件下载				
3. 加入学习通班级				
实践任务				
概念或原理	根据量表自评	编程技能	任务类型	根据量表自评
1. C 语言程序结构		1. 两个数相加的程序	任务呈现	
2. 标记符		2. 计算 BMI 指数的程序	任务呈现	
3. 关键字		3. 摄氏温度与华氏温度转换程序	任务呈现	
4. 标识符		4. 简单超市找零程序	任务示范	
5. 常量		5. 两数相减程序	任务示范	

实践任务				
概念或原理	根据量表自评	编程技能	任务类型	根据量表自评
6. 常用进制及其转换		6. 身高转换程序	补全任务	
7. 变量		7. 超市整数找零程序	补全任务	
8. printf()函数的基本用法		8. 四位数逆序输出程序	找茬任务	
9. 常用数据类型		9. 两个数的计算器程序	找茬任务	
10. ASCII 码表		10. 正弦函数计算程序	补全任务	
11. 算术运算符		11. 超市小数找零程序	完整任务	
12. 类型转换		12. 三角形面积计算程序	完整任务	
13. C 语言的常用库函数				
14. 符号常量的定义 define				

编程过程中遇到的故障记录

总结专业英文词汇

概念关系图

1.4 评价量表

	完全掌握—A	基本掌握—B	没有掌握—C
知识点评分量规	能画出每个知识点的思维导图； 能找出相关知识点之间的关系； 能正确完成专项训练并且说明理由； 错误程序都能修改正确	能画出每个知识点的思维导图； 对知识点之间的关系不太清楚； 专项训练少量题目不会做	对知识点内容不太熟悉； 专项训练作业只会做一小部分； 不清楚知识点之间的关系
	完全掌握—A	基本掌握—B	没有掌握—C
程序技能评分量规	能独立写出程序，理解每一行代码的含义； 能正确画出程序流程图； 能正确填写变量表； 程序结构很清晰； 程序有必要的注释	在同学或老师的帮助下： 能正确编写程序，基本可以看懂程序； 能正确画出程序流程图； 能正确填写变量表； 程序结构较清晰； 程序有少部分注释	看不懂程序，也没有主动寻求帮助； 程序结构不清晰； 程序没有注释

1.5 小组分工

班级		组号		指导老师	
组长		学号			
组员分工	任务分工		姓名	学号	
	绘制知识点思维导图				
	绘制程序框图				
	编写程序				
	记录调试故障				
	记录专业英语词汇				
	制作学习过程视频				
	分享小组学习成果				

1.6　学习过程

1.6.1　任务呈现

1.【案例1】　两个数相加的程序

```
1  /* Programm  ADDITION  */
2  /* Written by CTZ      */
3  #include<stdio.h>
4  main()
5  {
6      int number; float amount;
7      number  =   200;
8      amount  =   30.75   +   75.03;
9      printf("%d\n",number);
10     printf("%5.2f",amount);
11 }
```

2.【案例2】　计算BMI指数的程序

```
1  /* Programm  BMI     */
2  /* Written by CTZ    */
3  #include<stdio.h>
4  main()
5  {
6      double height,weight,bmi;
7      height=1.58;
8      weight=49;
9      bmi=weight/(height*height);
10     printf("你的BMI指数是%f",bmi);
11 }
```

案例1和案例2
程序结构讲解

根据视频讲解,在任务单1中填写案例1和案例2对应程序结构每部分的行号。

任务单1:

程序结构组成	案例1对应每部分的行号	案例2对应每部分的行号
程序功能注释		
预处理,链接系统函数库		
主程序框架	第4、5、11行	
输入:变量定义和赋值		
数据处理		
结果输出		

3.【案例3】 摄氏温度与华氏温度转换程序

```
1   /*   Programm temperature */
2   /*   F=9C/5 +32          */
3   /*   Written by CTZ      */
4   #include<stdio.h>
5   main()
6   {
7       int tem_C;            //摄氏度
8       float tem_F;          //华氏度
9       tem_C=38;
10      tem_F=tem_C*9.0/5+32;
11      printf("%d摄氏度相当于%5.2f华氏度",tem_C,tem_F);
12  }
```

参照案例1和案例2,在任务单2中填写案例3对应程序结构每部分的行号。

任务单2:

程序结构组成	案例3对应每部分的行号
程序功能注释	
预处理,链接系统函数库	
主程序框架	第5、6、12行
输入:变量定义和赋值	
数据处理	
结果输出	

4. 本单元程序基本结构

本单元程序的基本结构	说明

``
1   #include<stdio.h>
2   int main()
3   {
4   //*******声明部分***********
5   int r;
6   float s;
7   r=5;
8   //*******执行部分***********
9   s=3.14*r*r;   //逻辑运算+
10
11 //*******输出部分***********
12   printf("圆的面积是%f",s);
13
14   }
``
	本单元程序特点:处理的数据量少,程序逻辑简单,只有一层,结构也简单,按顺序一步步执行就可以,而且初始状态都是给定的

【概念规则】 C语言程序结构

程序基本结构	说明
1. 文档部分	由注释行组成,给出该程序的名称、编程者和其他信息
2. 链接部分	include,告诉编译器要从系统库链接哪些函数
3. 定义部分	定义了所有的符号常量,如♯define PI 3.14

4. main()主函数部分
{
　声明部分;
　执行部分;
　输出部分;
}
	
	程序编写流程

程序编写流程: 先整体后细节	1. 写好程序的四个基本结构,也就是框架; 2. 分析主函数内部三部分的内容,然后分别填写

谨记如下要点:

1. 每个C程序都要求有且只有一个main()函数,main()函数所在的位置就是程序开始运行的地方

2. 函数的运行从该函数的开括号起,到相应的闭括号结束

3. C程序应用小写字母书写,而大写字母则用作符号名或输出字符串

4. 程序行中所用单词之间应至少由一个空格、制表符或标点符号分隔开

5. 每条C语言程序语句必须以分号结尾

6. 所有变量在使用前必须声明为某种数据类型

7. 如果程序引用了未定义的特定名称或函数,就必须使用♯include指令包含相应的头文件

8. 编译器指令(如include和define)是特殊指令,用于帮助编译程序,可以不以分号结尾,但是必须以♯为该行的第一个字符

9. 括号成对使用,应该保证每个开括号都有对应的闭括号

10. C语言是一种形式自由的语言,在编程时,不同部分的恰当缩进可以提高程序的可读性

11. 注释可以插入任意能够使用空格的地方。恰当的注释能增强程序的可读性和可懂性,有助于调试和测试。记住两种://、匹配使用的/＊和＊/

1.6.2 任务示范

1.【案例4】 简单超市找零程序

案例 4
程序讲解

```
1    /*****************************************
2    ***    功能: 简单超市找零程序            **
3    ***    author: CTZ                       **
4    ***    create: 2019-12-12                **
5    *****************************************/
6    #include <stdio.h>      // 包含标准输入输出函数库
7    int main()              // 定义main函数
8    {
9        printf("*****************************\n");
10       printf("**    欢迎光临幸福千万家超市    **\n");
11       printf("**    祝您购物愉快!           **\n");
12       printf("*****************************\n");
13       int change,money,price;      //定义三个变量
14       money=100;                   //给money赋值，去超市带了100元
15       price=44;                    //给price赋值，去超市消费了44元
16       change=money-price;          //计算应找零的值
17       printf("找零change=money-price=%d\n",money-price);
18       printf("找零change=%d-%d=%d",money,price,change);
19       return 0;
20   }
```

扫码观看案例4程序讲解视频，完成任务单3的填写。

任务单3：

简单超市找零——程序卡片			
姓名		日期	
功能描述 对应代码行			
声明部分 变量含义			
执行部分 流程图			
输出部分 变量关系表	变量	输入变量		输出变量
		money	price	change
	变量值1			
学会的知识点 和英文词汇				
自我评价	知识点		程序	

扫码观看案例 4 程序思考过程视频,在任务单 4 中填写程序编写的一般流程。

任务单 4:

步骤	程序编写流程
1	分析程序功能
2	
3	
4	
5	编写程序框架
6	填写程序细节
7	
8	添加注释和说明

案例 4
程序思考过程

参照案例 1 的解释,分析案例 2 程序每一行的功能,完成任务单 5 的填写。

任务单 5:

	案例 1	案例 2
第 1 行	注释,说明程序功能,即相加	
第 2 行	注释,说明编程者	
第 3 行	include:C 语言关键字,包含 stdio.h 系统输入输出库函数	
第 4 行	C 语言主函数,C 程序总是从 main()开始执行	
第 5、11 行	函数主体要放在一对{}里面	
第 6 行	定义变量:一个整型,变量名为 number;另一个浮点型,变量名为 amount	
第 7 行	给变量赋初值,number 初值为 200	
第 8 行	给变量赋初值,amount 初值为两个数相加(30.75+75.03)	
第 9 行	输出变量 number 的值,注意格式是整数——%d	
第 10 行	输出变量 amount 的值,注意格式是小数——%5.2f,一共输出 5 位,小数点后面占 2 位	

回答下列这些问题:

1. 写出案例 1 的输出结果	
2. 写出案例 2 的输出结果	

续表

	案例1	案例2
3. printf()函数的作用是什么？它的一般格式是怎样的？		printf 函数初见
4. 解释运算符"="的含义		
5. 利用百度搜索引擎搜索 stdio.h 库函数包含哪些函数，写出 3 个并解释含义		
6. 你还学会了哪些知识点？		

通过前面几个案例的学习，大家会发现 C 语言程序代码由一系列的数字、字母等符号组成，比如 include、main、( )、<、>、money、100、44 等。这些符号组成 C 语言的各种概念，比如关键字、标记符、变量、常量等。接下来我们一起来学习 C 语言用到的各种字符。对这些字符有了大概了解后，在写程序的时候就更能带着觉知和思考，降低程序的出错率。

【概念规则】 标记符

在 C 语言中，最小的单元称为标记符。C 语言有 5 种标记符，如图 1-1 所示，C 程序就是用这些标记符遵循 C 语言的语法编写而成的。

标记符的分类

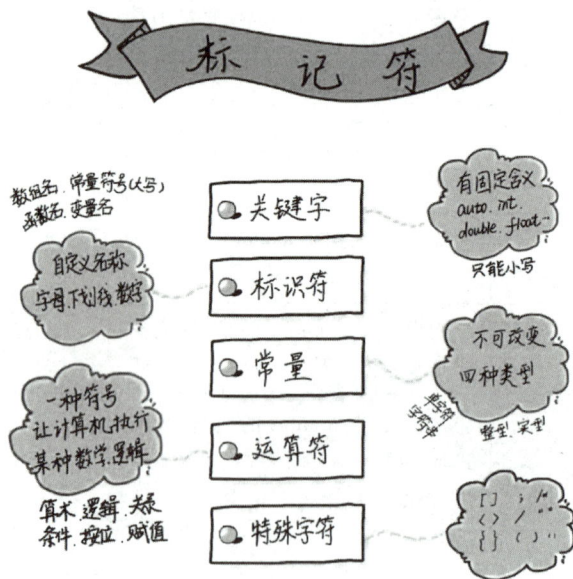

图 1-1 5 种标记符

10

【专项训练】 请将案例 1～3 中的各种标记符填入下表。

标记符类型	案例 1 示例		案例 2 示例		案例 3 示例	
	所在行	举例	所在行	举例	所在行	举例
关键字						
标识符						
常量						
运算符						
特殊字符						

【概念规则】 关键字

在 C 语言中,每个字要么归为关键字,要么归为标识符。所有的关键字都有固定的含义,且其含义不可改变。关键字是程序语句的基本构成块,所有的关键字都必须小写。有些编译器可能还会有其他一些关键字,可以在 C 语言手册中查阅。下表列出了 ANSI C 的所有关键字,请在旁边写出中文含义。

		ANSI C 的所有关键字					
英文	中文	英文	中文	英文	中文	英文	中文
char		union		register		else	
short		void		static		for	
int		enum		extern		goto	
unsigned		signed		break		if	
long		const		case		return	
float		volatile		continue		switch	
double		typedef		default		while	
struct		auto		do		sizeof	

【概念规则】 标识符

标识符指的是变量名、符号常量名、函数名、数组名和标号名,它们是自定义的名称,且符号常量名一般大写。标识符的命名规则如图 1-2 所示。

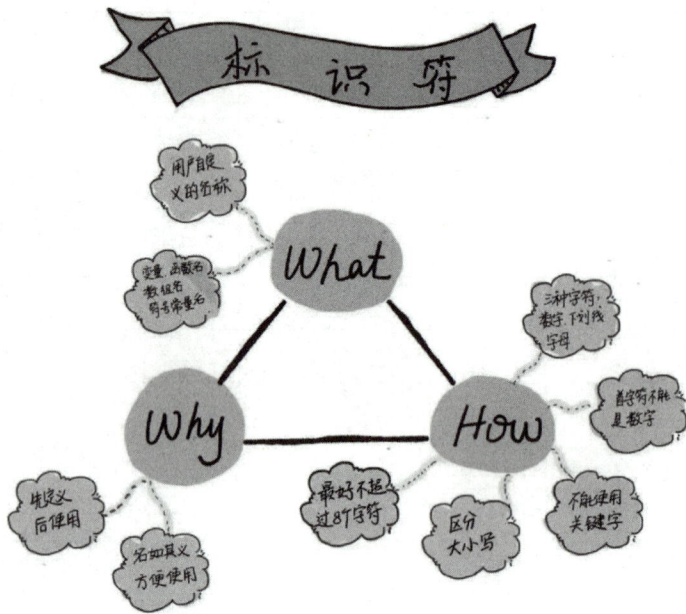

图 1-2　标识符的命名规则

【概念规则】　常量

C语言中的常量是指固定值,在程序的运行中不能修改。C语言支持多种类型的常量,如图 1-3 所示。

常量讲解视频

标识符的
命名规则

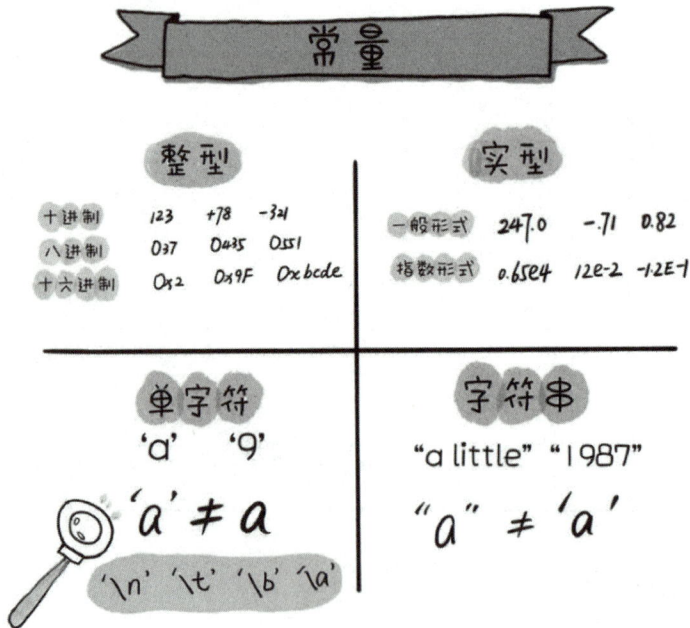

图 1-3　C语言支持的常量类型

【专项训练】　分析任务单 6 中所列的常量是否合法，并说明原因。

任务单 6：

常量	是否合法	原因
698354L		
+5.0e3		
25,000		
7.1E+2		
'\n'		
$ 255		
'\b'		
0x7b		
038		
1.5e−2.5		

【概念规则】　常用进制及其转换

常用进制有二进制、八进制、十进制、十六进制等，它们之间可相互转换，如图 1-4 所示。

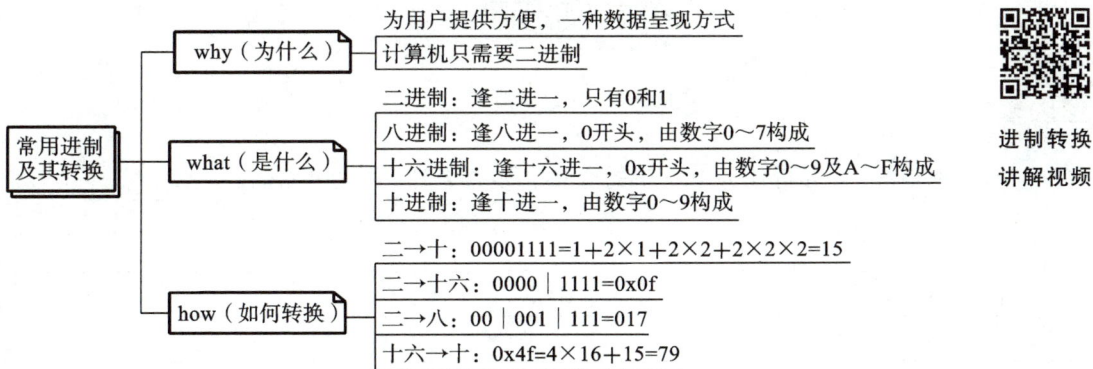

进制转换
讲解视频

图 1-4　常用进制及其转换

【专项训练】　完成下列数据的转换。

被转换数	转换结果 1	转换结果 2	转换结果 3
$(68)_{10}$	( )$_2$	( )$_8$	( )$_{16}$
$(255)_{10}$	( )$_2$	( )$_8$	( )$_{16}$
$(11110111)_2$	( )$_{10}$	( )$_8$	( )$_{16}$
$(0365)_8$	( )$_{10}$	( )$_2$	( )$_{16}$
$(0.2A)_{16}$	( )$_{10}$	( )$_2$	( )$_8$
$(0.3125)_{10}$	( )$_2$	( )$_8$	( )$_{16}$

【概念规则】 变量

变量就是可用于保存数据值的数据名。与常量在程序运行中保持数值不变的情况不同，变量在不同的程序运行中可以具有不同的值。变量有三要素，如图1-5所示。

变量讲解视频

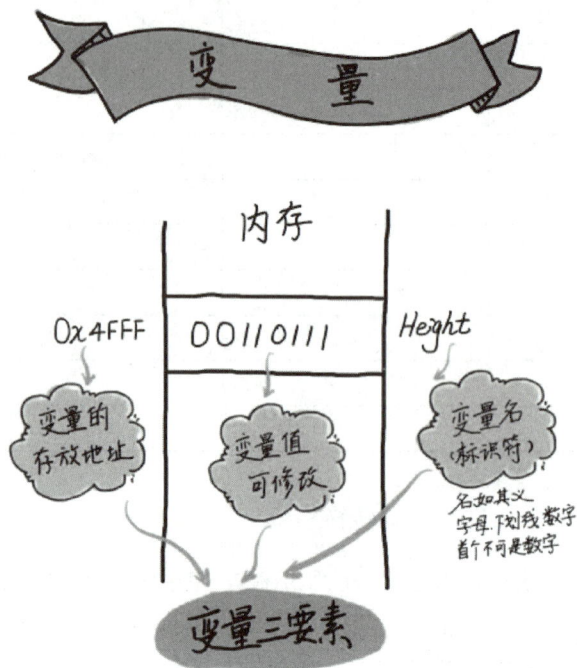

图1-5 变量三要素

【专项训练】 分析任务单7中的变量名是否合法，并说明原因。

任务单7：

变量名	是否合法	原因
first_tag		
char		
price $		
John		
average_number		
int_type		
4x		
x4		
printf		

【概念规则】 printf()函数的基本用法

扫码学习printf()函数的基本用法，完成任务单8的填写。

任务单8：

写出下列 printf()语句的执行结果：	
1. printf("I am a student.");	

2. printf("*\n");
printf("* * * \n");
printf("* * * * *\n");
printf("* * * * * * *");	

3. printf("\nMY NAME IS:\t");
printf("---------\n");
printf("\t\t|　陈亭志　|\n");
printf("\t\t---------");	

4. printf("56+44=%d",56+44);	
5. printf("100*20=%d,100/5=%d",100*20,100/5)	
6. int x=20; printf("x=%d",x);	

总结 printf()函数的 3 种基本使用格式如下：

printf()函数的
三种常见用法

　　printf()函数是一个标准库函数，它的函数原型在头文件"stdio. h"中。printf()函数调用的一般形式为：printf("格式字符串"，输出项表)。printf()函数的格式如图 1-6 所示。

　　在刚开始学习 C 语言时，要掌握最常用的 printf()函数使用功能，通过任务单8的练习，请大家归纳填写任务单9。

　　任务单9：

printf()函数的格式：printf("格式字符串"，输出项表)；			
功能			举例并说明功能
格式字符串（3类）	格式控制说明，以%开头	%d	
		%f	
		%c	
	转义字符，以\开头	\n	
		\t	
	显示在屏幕上的字符	数字	1～9
		字母	大小写 26 个字母
		符号	运算符等，如＋、－、*、/，除了\和%开头
输出项表（3类）	常量		
	变量		
	表达式		

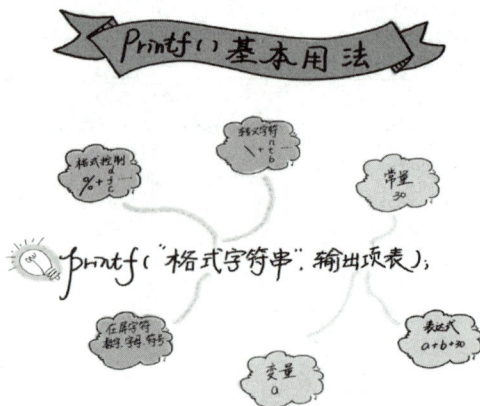

图 1-6 printf()函数的格式

printf()函数
的格式

2.【案例 5】 两数相减程序

下面这段代码是让计算机计算 543－389 的结果。其中有 7 处错误,快来改正吧!

```
1    include <stdio.h>;
2    int mian()
3  ⊟{
4    //========= 输出两个数的差==========
5        int a,b;
6        a=543,b=389;
7        c=a-b
8        print("%d,c");
9        return 0;
10 └ }
```

1.6.3 补全任务

1.【案例 6】 身高转换程序

```
1    /***************************************
2    ***    功能: 将身高的英制值转为公制值           **
3    **     公式: height=(foot+inch/12)*0.3048    **
4    ***    author: CTZ                        **
5    ***    create: 2019-12-12                 **
6    ***************************************/
7    //==========程序开始===================
8    #include <stdio.h>              // 输入输出库函数
9    int main()                      // 主程序
10 ⊟{
11      //=====初始化=====
12        int foot1,inch1;           //定义变量foot,表示输入身高的英尺值
13        int foot2,inch2;           //定义变量inch,表示输入身高的英寸值
14        float height1,height2;     //定义变量公制身高
15        foot1=5;inch1=8;
16        foot2=5;inch2=10;
17      //======执行部分=====
18
19
20      //======输出身高的公制值=======
21        printf("%d英尺%d英尺的身高是%f米。\n",foot1,inch1,height1);
22        printf("%d英尺%d英尺的身高是%f米。\n",foot2,inch2,height2);
23        return 0;
24 └ }
```

身高转换
程序讲解

扫码观看身高转换程序讲解视频,完成任务单 10 的填写。

任务单 10:

程序行	程序行功能
第 1～6 行	
第 7、11、17、20 行	
第 8 行	
第 9、10、23、24 行	
补全第 18 行	
补全第 19 行	
第 21、22 行	
第 18 行输出结果	
第 19 行输出结果	
程序流程图	

填写变量表	变量	输入变量		输出变量
		foot	inch	height
	变量值 1			
	变量值 2			

【概念规则】　基本数据类型

基本数据类型

C 语言提供了丰富的数据类型,这使得程序员可以根据应用的需要和不同的机器来选择恰当的数据类型。

C 语言的基本数据类型有 5 种:字符型(char)、整型(int)、浮点型(float)、双精度浮点型(double)和空类型(void)。基本数据类型在 16 位计算机上的表示范围如下表所示。

分类	数据类型	说明符	占用字节	数值范围	格式符
整型	有符号字符型	[signed]char	1	−128～127	%c
	无符号字符型	unsigned char	1	0～255	
	有符号短整型	[signed]short int	1	128～127	%d
	无符号短整型	[unsigned]short int	1	0～255	%u
	有符号整型	[signed]int	2	−32 768～32 767	%d
	无符号整型	unsigned int	2	0～65 535	%u
	有符号长整型	[signed]long int	4	−2 147 483 648～2 147 483 647	%ld
	无符号长整型	unsigned long int	4	0～4 294 967 295	

续表

分类	数据类型	说明符	占用字节	数值范围	格式符
实型	单精度型	float	4	$\pm(10^{-37}\sim10^{38})$ 6～7 位有效数字	%f
	双精度型	double	8	$\pm(10^{-307}\sim10^{308})$ 15～16 位有效数字	%lf
	长双精度型	long double	10	$\pm(10^{-4931}\sim10^{4932})$ 18～19 位有效数字	

当只使用修饰符 short、long 或 unsigned,而没有其他基本数据类型时,C 编译器将把所定义的变量归为 int 类型。修饰符 signed 可以省略,默认为有符号数。

默认情况下,整数常量属于 int 类型,可以通过在数字后面加字母 U 或 L 将它指定为无符号型或长整型。同样,默认情况下,浮点数常量属于 double 类型,如果要定义为 float 或 long double 数据类型,就必须在数字后面加字母 f 或 F(定义为 float 类型),或者加 l 或 L(定义为 long double 数据类型)。

【专项训练】 根据字面值,分析数据类型和数据范围(16 位计算机),完成任务单 11 的填写。

任务单 11:

字面值	类型	数值	数据范围	视频讲解
111	unsigned/signed int	111	0～65 535	
−222	signed int	−222	−32 768～32 767	
45678U				
−56789L				
987654UL				
0.8				
1.23				
−1.2f				
1.2345678L				

【特别说明】 字符型数据保存的内容是字符的 ASCII 码,并非字符本身。所以,1 和 '1' 是不同的,且在计算机内存放的形式不同,1 存放的二进制形式是 0000 0001,而 '1' 存放的二进制形式是 0011 0001。为什么是这样的呢? 要理解这个差异,需要知道 ASCII 码表。

【概念规则】 ASCII 码表

计算机只能存储二进制数据,本身没办法存放字符。但是,我们的语言都需要这些字符,那么程序是怎么处理字符的呢? 这里有一个规定,即使用[0,127]中的一个数值来表示一个字符(英文字母等符号),这样会形成一一对应的关系,此对应表就是 ASCII 码表。ASCII 码大致由三部分组成,第一部分是 ASCII 非打印控制字符,第二部分是 ASCII 打印字符,第三部分是扩展 ASCII 打印字符。ASCII 码表如下表所示:

低四位＼高	0000	0001	0010	0011	0100	0101	0110	0111	1000	1001	...	1111
×××0000				0	@	P	、	p				
×××0001			!	1	A	Q	a	q				
×××0010			"	2	B	R	b	r				
×××0011			#	3	C	S	c	s				
×××0100			$	4	D	T	d	t				
×××0101			%	5	E	U	e	u				
×××0110			&	6	F	V	f	v				
×××0111			'	7	G	W	g	w		扩展ASCII		
×××1000			(	8	H	S	h	s				
×××1001			)	9	I	Y	i	y				
×××1010			*	:	J	Z	j	z				
×××1011			+	;	K	[	k	{				
×××1100			,	<	L	\	l	|				
×××1101			-	=	M	]	m	}				
×××1110			.	>	N	^	n	~				
×××1111			/	?	O	_	o	DEL				

非打印控制字符的常用功能如下表所示：

标记形式	ASCII 码	功能
'\0'	0x00	空字符,表示没有字符,不同于空白字符 SP(0x20)
'\a'	0x07	产生响铃声
'\b'	0x08	退格
'\t'	0x09	制表符,横向跳格到下一个输出区区首
'\n'	0x0a	换行符(打印位置移到下一行行首)
'\v'	0x0b	竖向跳格符
'\f'	0x0c	走纸换页
'\r'	0x0d	回车(打印位置移到当前行行首)
'\"'	0x22	双引号字符
'\''	0x27	单引号字符
'\?'	0x3f	问号字符
'\\'	0x5c	反斜杠字符
'\ddd'	0x00～0xff	ddd 为 1～3 个八进制数字,以该值为 ASCII 码的字符
'\xhh'	0x00～0xff	hh 为 1～2 个十六进制数字,以该值为 ASCII 码的字符

总结 ASCII 码的功能和分类,如图 1-7 所示。

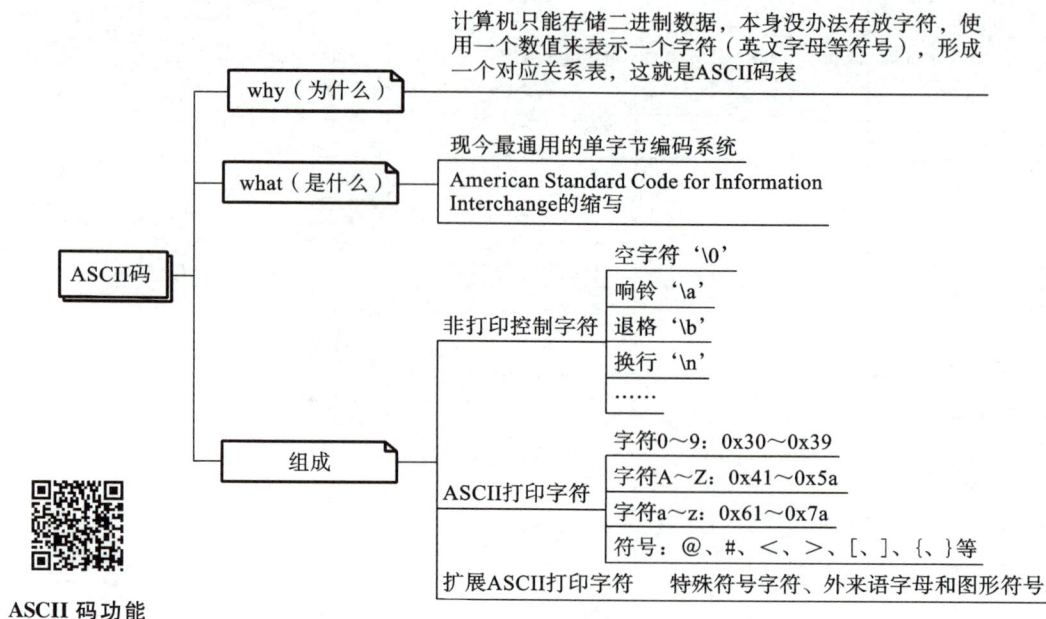

ASCII 码功能

图 1-7 ASCII 码的功能和分类

【专项训练】 测试代码,写出结果并分析原因,填写任务单 12。

任务单 12:

测试代码	结果和结论
printf("%d\n",23+78);	
printf("%d\n",23+'N');	
printf("%d\n",'\x17'+0x4e);	
printf("%d\t%d",23,78);	
printf("I LOVE Y\b");	
printf("I LOVE Y\a");	
printf("C:\\msdos\\v6.22");	
printf("C:\msdos\v6.22");	
printf("I say:"Goodbye!"");	
printf("I say:\"Goodbye! \"");	

续表

测试代码	结果和结论
| ```c
char ch1='a';   char ch2='b';
printf("ch1=%c,ch2=%c\n",ch1,ch2);
printf("ch1=%d,ch2=%d\n",ch1,ch2);
``` | |

```c
 4    //========变量定义和赋值=====
 5        float x,p;
 6        double y,q;
 7        unsigned int k;
 8        int m = 54321;
 9        unsigned int t=4294967295;
10        long int n = 1234567890;
11        x = 1.234567890000;
12        y = 9.87654321;
13        k = 54321;
14        p = q = 1.0;
15    //========数据输出==========
16        printf("t = %u\n",t);
17        printf("t = %d\n",t);
18        printf("t = %u\n",t+2);
19        printf("t = %d\n",t+2);
20        printf("m = %d\n",m);
21        printf("n = %ld\n",n);
22        printf("x = %f\n",x);
23        printf("x = %.12lf\n",x);
24        printf("y = %lf\n",y);
25        printf("y = %.12lf\n",y);
26        printf("k = %u p= %f q=%lf\n",k,p,q);
27        printf("k = %u\n",sizeof(int));
28        printf("k = %u ",sizeof(char));
```

【一起来找茬】　下面这段代码用来计算 38 摄氏度相当于多少华氏度,输出结果保留 5 位数,其中小数点后保留 2 位。这段代码中有 3 处错误,快来改正吧!

```c
 1   #include<stdoi.h>
 2   int main()
 3   {
 4       int tem_C;          //摄氏度
 5       int tem_F;          //华氏度
 6       tem_C=38;
 7       tem_F=tem_C*9/5+32;
 8       printf("%d摄氏度相当于%5.2f华氏度",tem_C,tem_F);
 9       return 0;
10   }
```

2.【案例 7】　超市整数找零程序

请补全第 10~14 行代码,然后扫码观看案例 7 讲解视频,并完成任务单 13 的填写。
```

```
1    #include <stdio.h>
2    int main()
3    {
4        int money,price,change;
5        int bill_10,bill_5,bill_2,bill_1;
6        printf("请输入商品金额（元）price:");
7        scanf("%d",&price);
8        printf("请输入付款金额（元）money:");
9        scanf("%d",&money);
10       ?
11       bill_10=?;
12       bill_5=?;
13       bill_2=?;
14       bill_1=?;
15       printf("找您change=%d（元）\n",change);
16       printf("其中10元%d张，5元%d张，2元%d张，1元%d张\n",bill_10,bill_5,bill_2,bill_1);
17       return 0;
18   }
```

案例 7
讲解视频

任务单 13：

	具体说明
初始化是哪几行？ 执行部分是哪几行？ 输出部分是哪几行	
列表说明程序中用到的变量的类型、名称和含义	
补全第 10 行代码	
补全第 11 行代码	
补全第 12 行代码	
补全第 13 行代码	
补全第 14 行代码	
程序流程图和输出结果	

填写变量表	变量	输入变量		输出变量				
		money	price	change	bill_10	bill_5	bill_2	bill_1
	变量值 1							
	变量值 2							

【概念规则】 算术运算符

算术运算符的使用方法如图 1-8 所示。

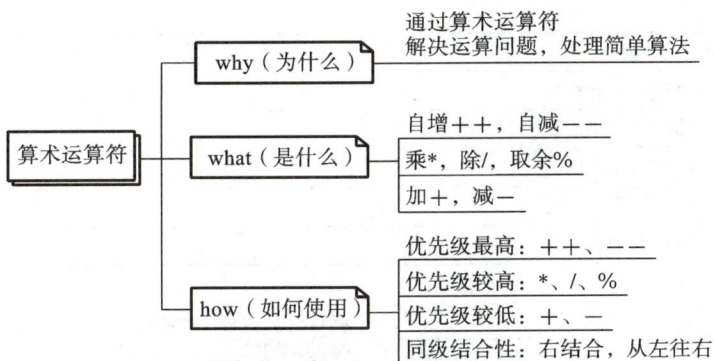

图 1-8　算术运算符的使用方法

【专项训练】　写出表达式的输出结果,完成任务单 14 的填写。

任务单 14:

表达式	输出结果
3+4/5	
int x=10；　printf("x=%d",x++);	
int x=10；　printf("x=%d",x);	
int x=10；　printf("x=%d",++x);	
2+10/3.0	
8%3	
8.0%3	
4+7*8/2	

【概念规则】　类型转换

C 语言在计算过程中允许混合使用不同类型的常量和变量,它会自动将所有中间值转换为适当的类型。在进行计算时,C 语言遵循严格的隐式类型转换规则,即"较低"类型会自动转换为"较高"类型。然而,有时我们可能希望按照与自动转换不同的方式进行类型转换,这时就需要使用强制类型转换。以身高转换为例,如果简单地将以英寸为单位的数除以 12,小数部分可能会被丢弃,导致最终得到错误的数据。为了避免这种情况,我们可以使用强制类型转换来确保转换的准确性。类型转换的使用方法如图 1-9 所示。

扫码观看类型转换的讲解视频,写出下表示例的转换动作。

示例	转换动作
5.5*4.0	
4.5/5	
6/5	
13%8	
8+3.5	
x=(int)7.5	结果为 7

示例	转换动作
a＝(int)21.3/(int)4.5	相当于计算 21/4,结果为 5
b＝(double)sum/h	
y＝(int)(3.5＋4.2)	
y＝(int)3.5＋4.2	
p＝cos((double)x)	

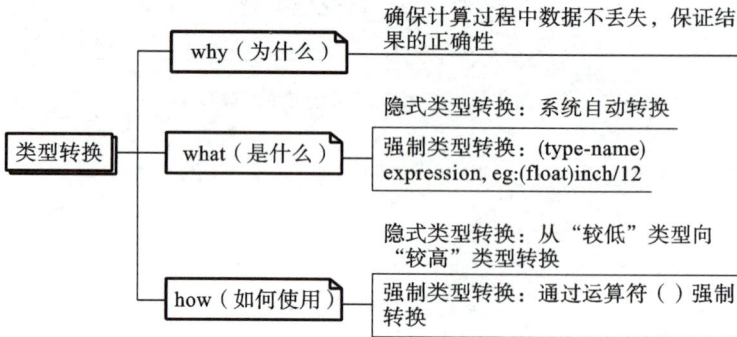

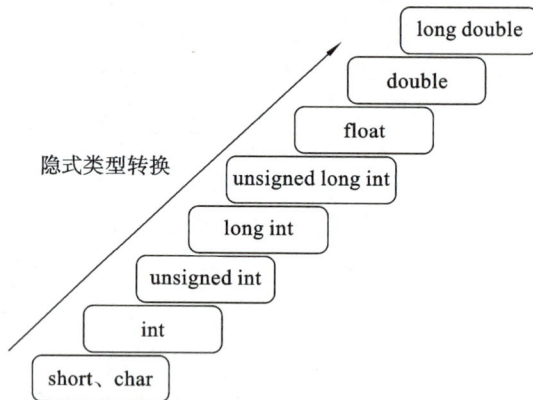

图 1-9　类型转换的使用方法

3.【案例 8】 四位数逆序输出程序

```
1  #include <stdio.h>
2  int main()
3  {
4  //========= 四位数逆序输出===========
5      int x=5421;              //x输入的四位数
6      int a;b,c,d;             //分别表示千位数、百位数、十位数和个位数
7      int y;                   //y逆序输出
8      a=x/1000;
9      b=x/1000%100;
10     c=x/100%10;
11     d=x/10;
12     y=d*1000+c*100+b*10+a;
13     printf("这个四位数逆序输出为%04d\n",y);
14     return 0;
15 }
```

【一起来找茬】　上面这段代码是让计算机实现将四位数逆序输出，比如四位数为5421，输出1245。此程序中有4个错误，快来改正吧！

4.【案例9】　两个数的计算器程序

```
1  #include <stdio.h>
2  main()
3  {
4  //========= 输出两个数的+-*/%======:
5      int a,b,c;
6      a=9;b=3;
7      c=a+b;
8      printf("a+b=%d",a,b,c);
9      c=a-b;
10     printf("a-b=%d",a,b,c);
11     c=a*b;
12     printf("a*b=%d",a,b,c);
13     c=a/b;
14     printf("a-b=%d",a,b,c);
15     c=a%b;
16     printf("a%b=%d",a,b,c);
17     return 0;
18 }
```

【一起来找茬】　上面这段代码是指定两个数，输出这两个数的和、差、积、商和取余。例如，指定两个数分别为 9 和 3，输出 9＋3＝12、9－3＝6、9＊3＝27、9/3＝3、9％3＝0。此程序中有 11 个错误，快来改正吧！

5.【案例10】　正弦函数计算程序

```
1  #include<stdio.h>
2                          // 补全
3  #define PI 3.1415926
4  int main()
5  {
6      float x,y,z;
7      printf("请输入角度值：");
8      scanf("%f",&x);
9                          // 补全
10     z= sin(y);
11     printf("sin%.2f° =%f",    ,    );// 补全
12     return 0;
13 }
```

正弦函数
计算程序

扫码观看正弦函数计算程序讲解视频，完成任务单15的填写。

任务单15：

	具体说明
初始化是哪几行？ 执行部分是哪几行？ 输出部分是哪几行	
输入变量的类型和含义	

续表

	具体说明
补全并解释第 2 行	
解释第 3 行的作用	
补全并解释第 9 行	
补全并解释第 11 行	

	变量	输入变量	中间变量	输出变量
填写变量表		x	y	z
	变量值 1			
	变量值 2			

程序流程图和输出结果	

【概念规则】 C 语言的常用库函数

C 语言的常用库函数很多,如 stdio. h、math. h、windows. h 等,下表列出了本单元用到的一些库函数,更多库函数可以在后面的学习中逐渐积累。扫码观看常用库函数功能讲解视频,填写任务单 16。

任务单 16:

常用函数库	stdio. h	printf( )	
		scanf( )	
		getchar( )	
		putchar( )	
	math. h	sin(x)	
		cos(x)	
		fabs(x)	
		sqrt(x)	
		pow(x,y)	
	windows. h	system("color 8E")	改变编译器的窗口颜色, 第一个数 8 代表背景颜色,第二个数 E 代表字体颜色
		system("pause")	屏幕停留
		system("cls")	清掉屏幕内容

【专项训练】　system（"color 8E"）中数字代表的颜色一共有 16 种，填写任务单 17。

任务单 17：

数字值	颜色	数字值	颜色	数字值	颜色	数字值	颜色
0		4		8		C	
1		5		9		D	
2		6		A		E	
3		7		B		F	

【概念规则】　符号常量的定义 define

了解符号常量的定义 define，如图 1-10 所示。

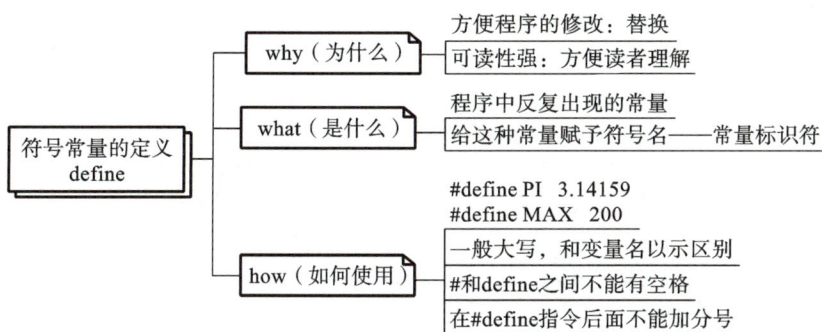

图 1-10　符号常量的定义 define

【专项训练】　分析下列符号常量是否合法并说明原因，填写任务单 18。

任务单 18：

语句	合法性	原因
＃define X＝2.5		
＃define MAX 200		
＃define MONEY 100		
＃define N 2.5;		
＃define N 5,M 10		
＃Define ARRRY 50		
＃define PRICE $ 100		

1.6.4 完整任务

1.【案例 11】 超市小数找零程序

编写一个超市小数找零程序,要求满足如下要求。

(1) 有超市介绍和打折信息。

(2) 票面有 13 种:100 元、50 元、20 元、10 元、5 元、2 元、1 元、5 角、2 角、1 角、5 分、2 分、1 分。

(3) 遵循找零张数最少的原则。

可以参考如下代码和输出格式。

```
1   /*******************************************
2   ***    功能:超市找零张数最少-小数版         **
3   ***    author: CTZ                         **
4   ***    create: 2019-12-12                  **
5   *******************************************/
6   //===========程序开始===================
7   #include <stdio.h>
8   int main()
9   {
10  //=============初始化==================
11      float money,price,change1;
12      int change;int y_10,y_5,y_2,y_1;   //y_10: 找零10元的张数
13      int j_5,j_2,j_1;int f_5,f_2,f_1;   //j_5: 找零5角的张数
14      price=55.35;money=100;       //money-付款金额, price-消费金额
15  //===========执行部分==================
16      change1=money-price;          //change1: 找零金额
17      change=(int)(change1*10000/100);
18      y_10=change/1000;
19      y_5=change%1000/500;
20      y_2= ?;
21      y_1= ?;
22      j_5= ?;
23      j_2= ?;
24      j_1= ?;
25      f_5= ?;
26      f_2= ?;
27      f_1= ?;
28  //===========输出部分==================
29      printf("找您%4.2f元,其中:\n",change1);
30      printf("10元%d张, 5元%d张, 2元%d张, 1元%d张,\n",y_10,y_5,y_2,y_1);
31      printf("5角%d张, 2角%d张, 1角%d张,\n",j_5,j_2,j_1);
32      printf("5分%d张, 2分%d张, 1分%d张",f_5,f_2,f_1);
33      return 0;
34  }
```

```
****************************************
**    我是自动化五班某某某,班级序号10   ***
**        欢迎来到家乐福超市             ***
** 目前超市开展元旦活动,全场8折,欢迎选购 ***
****************************************
找您955.72元,其中:
10元95张, 5元1张, 2元0张, 1元0张,
5角1张, 2角1张, 1角0张,
5分0张, 2分1张, 1分0张
```

2.【案例 12】 三角形面积计算程序

三角形的面积计算公式为 $A=\sqrt{s(s-a)(s-b)(s-c)}$,其中 a、b、c 为三角形的三条边,$2s=a+b+c$,给定 a、b、c 的值,请编写一个程序,计算三角形的面积。

1.6.5　开放任务

（1）设计一个程序，包含如下知识点：算术运算符、printf（ ）函数、数学库函数（maths. h 里某个函数）、多种数据类型，完成任务单 19 的填写。

任务单 19：

程序功能	
程序输入和程序输出	
流程图和主要代码	

（2）扫码观看学习单元一程序的常见故障视频，结合自己在编程中遇到的故障和采取的解决方法，总结本单元程序的各种故障，填写任务单 20。

任务单 20：

学习单元一程序的常见故障	

学习单元一程序的常见故障

1.7　学　习　评　价

1.7.1　课后练习

1. 判断题

（1）任何有效的可打印的 ASCII 字符都可以用作标识符。（　　）

（2）所有变量在声明时都必须给定一种类型。（　　）

（3）在 C99 中变量声明语句可以出现在程序的任何地方。（　　）

（4）在 C 语言中，变量 name 和 Name 是相同的。（　　）

（5）下划线可用在标识符的任何地方。（　　）

（6）在 C 语言中，关键字 void 是一种数据类型。（　　）

（7）默认情况下，浮点常量表示的是 float 类型的值。（　　）

（8）与变量一样，常量也具有某种类型。（　　）

（9）字符常量使用双引号进行编码。（　　）

（10）所谓初始化就是在声明的时候，把值赋给变量的过程。（　　）

（11）'A'和 0x41 在内存中存放的形式是一样的。（　　）

（12）默认情况下，int 数据类型认为是无符号数。（　　）

（13）输出无符号整型数据时使用的格式是％d。（　　）

2. 填空题

（1）关键字_____可用来创建数据类型标识符。

（2）_____是无符号短整数类型变量所能存储的最大值（计算机是 16 位）。

（3）通过修饰符_____可以把常量定义为一个符号。

（4）在初始化时，可以通过修饰符_____把变量声明为常量。

（5）十进制数字 10 在二进制中表示为_____。

（6）十进制数字 5 在一进制（基数为 1 的计数系统）中表示为_____。

（7）int 可以具有的修饰符有_____、_____、_____、_____。

3. 选择题

（1）若有定义：int m＝7；float x＝2.5，y＝4.7；则表达式 x＋m％3＊(int)(x＋y)％2/4 的值是（　　）。

A. 2.500000　　　　　　　　　　　　　B. 2.750000

C. 3.500000　　　　　　　　　　　　　D. 0.000000

（2）表达式 13/3＊sqrt(16.0/8)的数据类型是（　　）。

A. int　　　　　　　　　　　　　　　　B. float

C. double　　　　　　　　　　　　　　D. 不确定

（3）以下符合 C 语言语法的赋值表达式是（　　）。

A. a＝9＋b＋c＝d＋9

B. a＝（9＋b，c＝d＋9）

C. a＝9＋b，b＋＋，c＋9

D. a＝9＋b＋＋＝c＋9

（4）若 x 为 int 型变量，则执行以下语句"x＝6；x＋＝x－＝x＊x；"后，x 的值是（　　）。

A. 36

B. －60

C. 60

D. －24

（5）如果 i＝3，k＝i＋＋，则执行过后 k、i 的值分别是（　　）。

A. 3、3

B. 3、4

C. 4、3

D. 4、4

（6）若已定义 x 和 y 为 float 类型，则表达式 x＝1，y＝x＋3/2 的值为（　　）。

A. 1

B. 2

C. 2.000000

D. 2.500000

（7）如果 int i＝3，则 printf("%d"，－i＋＋)的结果和 i 的值分别为（　　）。

A. －3、4

B. －4、4

C. －4、3

D. －3、3

（8）下面程序的输出结果是（　　）。

```
main()
{int x=2,y=0,z;
x*=3+2;printf("%d",x);
x*=y=z=4;printf("%d",x);
}
```

A. 840

B. 1040

C. 104

D. 84

4. 改错题

请找出下面程序中的语法错误。修正后，你认为程序的输出结果是什么？

```
1    #Define PI 3.14159
2    int main()
3    {
4        int R,C;
5        float perimeter;
6        float area;
7        C= PI;
8        R=5;
9        Perimetre=2.0*C*R;
10       Area=C*R*R;
11       printf("%f","%d",&perimeter,&area);
12   }
```

1.7.2　自评和周记

根据评价量表认真填写前面的任务单，自评学习成果，并填写 4F 周记。

4F 周记			
1. 学会的 facts （1）知识点思维导图； （2）程序卡片； （3）梳理概念之间的关系,形成概念图	2. 情绪 feelings （1）正面情绪1～2个词,分析该情绪产生的原因； （2）负面情绪1～2个词,分析该情绪产生的原因	3. 发现 findings （1）清楚学习任务和评价标准吗？ （2）分析情绪产生的原因后,有什么发现？ （3）自己是如何写出程序的？ （4）需要什么帮助	4. 计划 futures 针对前面3个F的分析,你觉得自己的学习方法是高效的吗？学习有成就感吗？针对自己的情况在下周的学习中准备有什么行动或调整？写出较详细的计划

学习单元二　选择结构编程

2.1　单元描述

在学习单元一中,大家已经掌握了如何让计算机"开口说话",比如编写一个自我介绍的程序或输出一面白底红色的小旗。我们还发现了计算机能够处理各种数据,例如根据圆的半径来计算其面积,实现温度的转换、身高的转换等。在学习单元一中,我们还编写了一个复杂的程序,它能够为超市精确地计算出最少的找零张数。学完学习单元一后,大家是不是已经觉得自己很厉害了呢?

在我们的日常生活中,我们经常需要根据某些判断来做出选择。有句话说,选择比努力更重要。那么,计算机能否做选择呢? 答案是当然可以。计算机不仅能够计算两个数的和、差、积和商,还能告诉你哪个数大、哪个数小。另外,它还能根据判断的结果来做出选择,模拟我们日常生活中的各种场景,比如根据天气情况来决定周末的活动安排,根据收入来计算应交的税额,或者通过判断某年是否为闰年来确定那一年的天数……是不是觉得非常有趣呢?

在这个单元里,我们首先要解决的是如何让计算机做出判断。为此,我们需要学习一种新的运算符——关系运算符。接下来,我们要解决的是如何根据判断的结果来做出选择,这就需要学习选择语句了。在生活中,有时候我们面临的是二选一的情况,有时候是多选一,有时甚至还会遇到多选多的情况。计算机是通过不同的关键字来实现各种选择的,比如 if、if-else、if-elseif-else、switch-case 等语句。我们要根据实际情况来灵活选择这些语句。有时候生活中会遇到需要多次选择的情形,这时就要用到选择的嵌套。在应用选择嵌套时,一定要注意各个分支的配对情况。

这就是本单元的学习内容。完成本单元的学习后,你将能够轻松地编写任务单中的程序。这些程序有一些共同点:处理的数据量适中,程序逻辑相对简单,通常包含两到三层的选择,结构稍微复杂一些,不再是"一条道走到黑",而是会根据条件进行选择。而且,这些程序的初始状态不再是固定的,而是可以通过键盘输入来设定。希望通过本单元的学习,大家能够根据自己的日常生活编写一些有趣且实用的程序,比如安排一周的早餐、编制课程表,甚至帮助父母编写计算水费、电费和税费的程序。是不是很期待呢?

学习之路,贵在坚持。让我们继续出发,迎接新的挑战吧!

2.2　单元目标

(1) 通过学习,能够用自己的话描述如下知识点:

①if 语句的格式和功能;

②if-else 语句的格式和功能；

③if-else if-else 语句的格式和功能；

④switch-case 语句的格式和功能；

⑤关系运算符和逻辑运算符的种类和计算规则；

⑥scanf()函数的格式和功能；

⑦选择语句多层嵌套的配对规则；

⑧多层嵌套的书写规则；

⑨break 循环跳出指令的功能。

（2）能应用学到的概念和规则，编写程序，解决如下问题。

①能应用 if 语句解决如下问题：判断一个数的正负、一元一次方程求解、判断某一年是否是闰年等。

②能应用 if-else 语句解决如下问题：一元二次方程求解、四种方法求两数中的较大者。

③能应用 if-else if-else 语句解决如下问题：根据收入计算个人所得税、根据 BMI 给出健康建议、玫瑰花语程序。

④能应用 switch-break 语句解决如下问题：输出 12 个月份的英文、早餐菜单、成绩等级。

⑤能正确绘制程序流程图，能根据编译器的错误提示进行故障排查。

（3）在学习过程中，掌握高效学习方法，培养自我引导的学习习惯，主要体现在以下方面：

①能认真细致地填写程序卡片，严谨细致地编写程序，添加合适的注释，并遵循可读性强的编程原则。

②遇到困难时不轻易放弃，能主动跟同学和老师交流学习中的疑难问题。

③能察觉学习过程中自己的情绪，能自我排解不良情绪，积极调整心态，进一寸有得一寸的欢喜。

④能承担起小组角色和责任，认真聆听组员的发言，体察他人的情绪，积极参与小组任务，与组员互相学习、共同进步。

⑤能根据任务书和评价量表，自评知识点和程序编写技能的掌握情况，清楚自己的学习进展，根据自己的进度合理安排学习计划，在这个过程中能主动寻找资源和帮助，培养自学能力和合作能力。通过自我监控学习过程，逐渐培养自我引导的学习习惯。

2.3 任务列表

在电脑端下载并安装 DEV-C 软件，同时在手机端下载 C 语言编译 App。

学习单元二　　任务书			
小组序号和名称		组内角色	
小组成员			
准备任务			
1. 完成上个学习单元的任务书			
2. 完成上个学习单元的作业			
3. 完成上个学习单元的 4F 周记			

实践任务				
概念或原理	根据量表自评	编程技能	任务类型	根据量表自评
1. 关系运算符		1. 输出一个数的绝对值	任务呈现	
2. scanf()输入函数		2. 判断一个数是奇数还是偶数	任务呈现	
3. if 判断语句		3. 将百分制成绩转换为等级成绩	任务呈现	
4. if-else 选择语句		4. 根据输入的数字输出相应月份英文	任务呈现	
5. 逻辑运算符		5. 根据输入的星期几输出当天的早餐菜单	任务呈现	
6. 选择嵌套的书写规则和配对规则		6. 根据性别预测身高	任务示范	
7. else-if 语句		7. 四种方法找出两个数中的较大者	任务示范	
8. switch-case 语句		8. 计算(a+b)/(c−d)	找茬任务	
9. 条件运算符		9. 判断是否为闰年	任务示范	
		10. 存款余额奖励金计算	任务示范	
		11. 根据 BMI 指数给出健康建议	任务示范	
		12. 玫瑰花语程序	任务示范	
		13. 计算实际收入	补全任务	
		14. 根据边长计算三角形面积	补全任务	
		15. 输出百分制成绩的对应等级	补全任务	
		16. 数值价格分布计算	补全任务	
		17. 完整超市找零程序	完整任务	
		18. 英文月份输出程序	完整任务	
		19. 根据产品数量计算周薪程序	完整任务	
		20. 两个数的计算器程序	完整任务	
		21. 执行力程序	完整任务	
		22. 判断某个点的象限程序	完整任务	
		23. 输入一个数凑 24 点的程序	完整任务	
		24. 一元一次方程的求解程序	完整任务	
		25. 一元二次方程的求解程序	完整任务	
编程过程中遇到的故障记录				

续表

总结专业英文词汇

概念关系图

2.4　评价量表

	完全掌握—A	基本掌握—B	没有掌握—C
知识点评分量规	能画出每个知识点的思维导图； 能找出相关知识点之间的关系； 能正确完成专项训练并且说明理由； 错误程序都能修改正确	能画出每个知识点的思维导图； 对知识点之间的关系不太清楚； 专项训练少量题目不会做	对知识点内容不太熟悉； 专项训练作业只会做一小部分； 不清楚知识点之间的关系
	完全掌握—A	基本掌握—B	没有掌握—C
程序技能评分量规	能独立写出程序，理解每一行代码的含义； 能正确画出程序流程图； 能正确填写变量表； 程序结构很清晰； 程序有必要的注释	在同学或老师的帮助下： 能正确编写程序，基本可以看懂程序； 能正确画出程序流程图； 能正确填写变量表； 程序结构较清晰； 程序有少部分注释	看不懂程序，也没有主动寻求帮助； 程序结构不清晰； 程序没有注释

2.5　小组分工

班级		组号		指导老师	
组长		学号			
组员分工	任务分工		姓名	学号	
	绘制知识点思维导图				
	绘制程序框图				
	编写程序				
	记录调试故障				
	记录专业英语词汇				
	制作学习过程视频				
	分享小组学习成果				

2.6　学习过程

2.6.1　任务呈现

1.【案例1】　输出一个数的绝对值

```
1   /*  程序功能：通过键盘输入一个整数，输出它的绝对值
2       算法：输入 → 判断 → 输出
3       作者：陈亭志                        */
4   #include<stdio.h>              // 链接部分
5   int main()
6   {
7   //******声明部分***********
8       int number;
9   ag: printf("Enter a number:");
10      scanf("%d",&number);
11  //******执行部分***********
12      if(number<0 ){
13          number=-number;
14      }
15
16  //******输出部分***********
17      printf("The absolute value is %d\n",number);
18      goto ag;
19      return 0;
20  }
```

2.【案例 2】 判断一个数是奇数还是偶数

```
1   /*==   程序功能: 判断一个数是否为偶数
2   ====   算法: 对2取余的值是否为零 =====================
3   ====   作者: 陈亭志              =====================*/
4   #include<stdio.h>                // 链接部分
5   int main()
6   {
7   //*******声明部分***********
8       int number;
9   ag: printf("Enter a number:");
10      scanf("%d",&number);
11  //******执行+输出部分***********
12      if(number%2==0 ){
13          printf("This number is an even number! \n ");
14      }
15      else {
16          printf("This number is an odd number! \n ");
17      }
18      goto ag;
19      return 0;
20  }
```

3.【案例 3】 将百分制成绩转换为等级成绩

```
1   /*==   程序功能: 根据输入的百分制成绩grade, 输出相应的成绩等级
2   ====   算法: 优-90分及以上, 良-80~89分, 中-70~79分 ==========
3   ====   算法: 及格-60~69分, 不及格-0~59分, 多选一 =============
4   ====   作者: 陈亭志                        =============*/
5   #include<stdio.h>                // 链接部分
6   int main()
7   {
8   //*******声明部分***********
9       int grade;
10  ag: printf("Enter a grade:");
11      scanf("%d",&grade);
12  //******执行+输出部分***********
13      if(grade>89 )        printf("This grade is excellent! \n");
14      else if(grade>79 )   printf("This grade is good! \n");
15      else if(grade>69 )   printf("This grade is medium! \n");
16      else if(grade>59 )   printf("This grade is pass! \n");
17      else                 printf("This grade is fail! \n");
18      goto ag;
19      return 0;
20  }
```

4.【案例 4】　根据输入的数字输出相应月份英文

```
1    /*==  程序功能：根据输入的整数，输出相应月份英文  ====
2    ====  算法：多选一                  =============
3    ====  作者：陈亭志                  =============*/
4    #include <stdio.h>
5    int main()
6    {
7    //*****声明部分***********
8        int month;
9    ag: printf("please enter a month:");
10       scanf("%d",&month);
11   //*****执行+输出部分***********
12       switch(month)
13       {case 1: printf("this month is JANUARY\n");break;
14        case 2: printf("this month is FEBRUARY\n");break;
15        case 3: printf("this month is MARCH\n");break;
16        case 4: printf("this month is APRIL\n");break;
17        case 5: printf("this month is MAY\n");break;
18        case 6: printf("this month is JUNE\n");break;
19        case 7: printf("this month is JULY\n");break;
20        case 8: printf("this month is AUGUST\n");break;
21        case 9: printf("this month is SEPTEMBER\n");break;
22        case 10: printf("this month is OCTOBER\n");break;
23        case 11: printf("this month is NOVEMBER\n");break;
24        case 12: printf("this month is DECEMBER\n");break;
25        default: printf("ERROR\n");
26       }
27       goto ag;
28       return 0;
29   }
```

5.【案例 5】　根据输入的星期几输出当天的早餐菜单

```
1    /*==  程序功能：根据输入的星期几，输出当天的早餐菜单====
2    ====  算法：一周7天共3种早餐，多选多      =============
3    ====  作者：陈亭志                  =============*
4    #include <stdio.h>
5    int main()
6    {
7    //*******声明部分***********
8        int day;
9    ag: printf("请输入星期：");
10       scanf("%d",&day);
11   //*****执行+输出部分***********
12       switch(day)
13       {case 1:
14        case 2: printf("今日早餐：豆浆，油条\n");break;
15        case 3:
16        case 4:
17        case 5: printf("今日早餐：小米粥和馒头\n");break;
18        case 6:
19        case 7: printf("今日早餐：牛奶和面包\n");break;
20        default: printf("输入有误\n");
21       }
22       goto ag;
23       return 0;
24   }
```

5 种选择语句
格式概述

扫描二维码听案例 1~5 的程序结构讲解，填写任务单 1。

任务单1:

程序结构分析	案例1	案例2	案例3	案例4	案例5
程序功能	第1~3行				
预处理	第4行				
主程序框架	第5、6、19、20行				
变量定义	第8行				
变量输入	第9、10行				
数据处理	第12~14行				
结果输出	第17行				

条件语句格式	if()
	  {
	  }				

条件语句特点	单分支选择				
重复输入	第18行				
说明	这里列举的5个案例,用到的条件语句格式不同,有单分支选择语句、二选一选择语句、多选一选择语句以及多选多选择语句,在实际编程时根据具体情况选择合适的选择语句。当然,这些选择语句也可以互相转换,在后面的案例中可以尝试用多种选择语句来对比编程				

6. 本单元程序结构

本单元的程序具备如下特点:处理的数据是基本数据类型,数量不多,变量的初始状态不再是给定的,而是可以通过键盘输入,这样更灵活。程序结构比学习单元复杂,不再是顺序执行,而是会根据条件进行选择,进入不同的分支;程序的逻辑也有所加深,增加到两至三层,会用到选择的嵌套。本单元的程序结构如图2-1所示。

```
1    /*  程序功能:....           //注释部分
2        算法:........
3        作者:........       */
4    #include<stdio.h>            // 链接部分
5    #define PI  3.14             //定义部分
6    int main()
7    {
8    //******声明部分**********
9        int r;
10       float s,l;
11       printf("请输入....");
12       scanf("%d",&r);
13
14   //******执行部分**********
15       if( ){
16           if(){
17               ;
18           }
19           else{
20               ;
21           }
22       }
23       else if( ){
24           ;
25       }
26       else{
27           ;
28       }
29   //******输出部分**********
30       printf("....是%f",s);
31       return 0;
32   }
```

图2-1 本单元的程序结构

2.6.2　任务示范

1.【案例 6】　根据性别预测身高

```
 1  /**********************************************
 2  ****    功能：根据父母身高和孩子性别预测孩子身高    **
 3  ****    男孩：身高=（父亲身高+母亲身高+13）/2    厘米 **
 4  ****    女孩：身高=（父亲身高+母亲身高-13）/2    厘米 **
 5  ****    author: XXX                           **
 6  ****    create: 2019-12-12                     **
 7  **********************************************/
 8  #include <stdio.h>
 9  int main()
10  {
11  //========= 初始条件：定义变量名和类型=====
12      float h1,h2,kidh;
13      int xb;
14  //========= 输入提醒并读入身高和性别=====
15  ag: printf("请输入父亲身高、母亲身高和孩子性别：");
16      scanf("%f,%f,%d",&h1,&h2,&xb);
17  //========= 根据性别和父母身高预测孩子的身高====
18      if(xb==1) {
19          kidh=(h1+h2+13)/2;
20          printf ("是男孩，身高是%.2f左右\n",kidh);
21      }
22      if(xb==0) {
23          kidh=(h1+h2-13)/2;
24          printf ("是女孩，身高是%.2f左右\n",kidh);
25      }
26  //========= 循环输入==================
27      goto ag;
28      return 0;
29  }
```

填写预测孩子身高的程序卡片，完成任务单 2。

任务单 2：

根据性别预测身高——程序卡片			
姓名		日期	
声明部分:变量定义、输入提醒、变量输入			
执行部分:画出流程图			

根据性别预测身高程序讲解

测试程序:填写变量关系表	变量	输入变量			输出变量
		h1	h2	xb	kidh
	变量值 1				
	变量值 2				

将程序的第 18～25 行改写成右侧所示。
 	
想想两个程序功能有什么异同点
	``18 if(xb==1) {
	19 kidh=(h1+h2+13)/2;
	20 printf ("是男孩, 身高是%.2f左右\n",kidh);
	21 }
	22 else {
	23 kidh=(h1+h2-13)/2;
	24 printf ("是女孩, 身高是%.2f左右\n",kidh);
	25 }```

学会的知识点和英文词汇	

根据评价量表自我评价	知识点掌握程度		程序编写技能掌握程度	

【概念规则】 关系运算符

通过前面案例的学习,大家会发现本单元的程序会根据条件进行判断。我们经常要比较两个数,并根据它们的关系做出某种决策,比如比较两个人的年龄或两种物品的价格等。这种比较可以用关系运算符来实现,C 语言共支持 6 种关系运算符,关系运算符的使用方法如图 2-2所示。

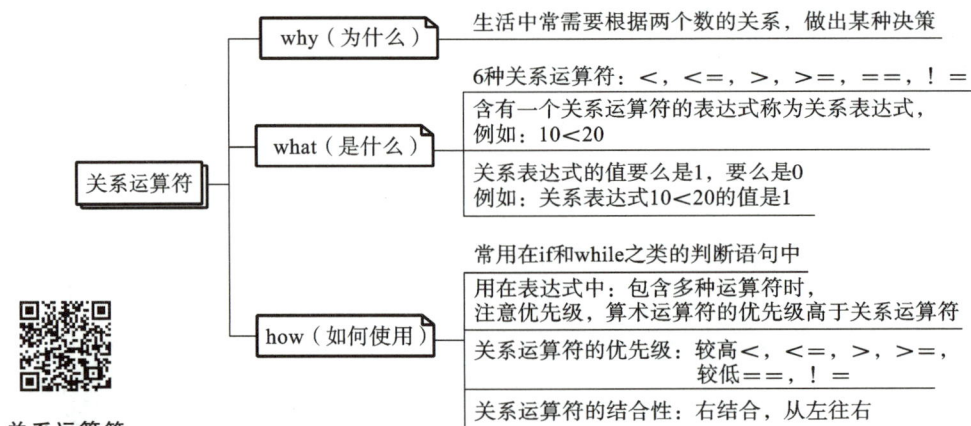

关系运算符的使用

图 2-2 关系运算符的使用方法

【专项训练】　分析下列关系表达式的输出结果,完成任务单3的填写。

任务单3:

表达式	输出结果	表达式	输出结果
! 0		5>3==6<4	
5==3		6>5>4	
5>=3		a==b==6	
5<=3		5+3++	
5+3%2>6		4+5!=4<2	
! 3		4<5<7	
按优先级从高到低列出算术运算符(7种)和关系运算符(6种)			

【概念规则】　scanf( )输入函数

学习单元一中的所有程序,变量的赋值都是在程序内部给定的,从本单元开始,可以通过键盘给变量输入初值,因此需要学习 scanf( )输入函数的使用方法。scanf( )输入函数的使用方法如图 2-3 所示,详细功能可以扫描下方二维码了解。

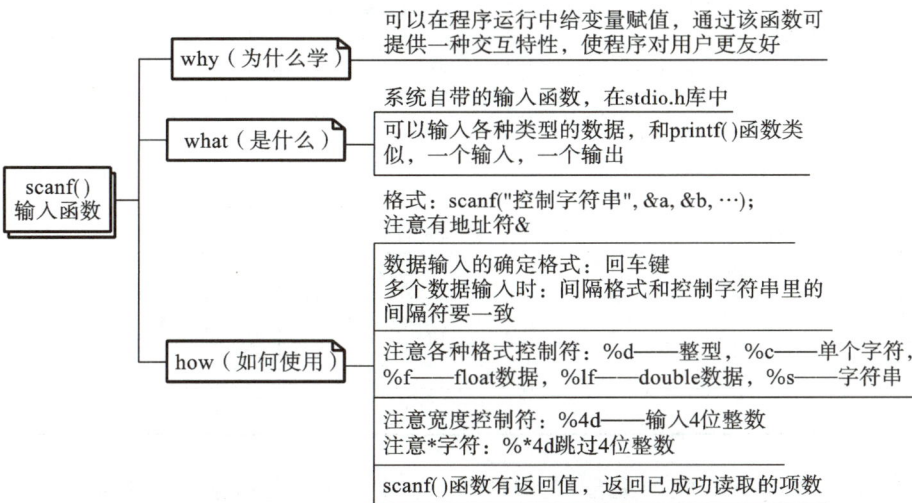

图 2-3　scanf( )输入函数的使用方法

【专项训练】　写出下列关系表达式的输出结果,填在任务单 4 中。

任务单4:

请指出下面输入语句的错误(如果有的话)
已在程序中进行了如下声明:
```
int year,count;float amount,price;double root;char code,city[10];
```

输入语句	是否有错，有就修订
scanf("%c%f%d",city,&price,&year);	
scanf("%s%d",city,amount);	
scanf("%f,%d",&amount,&year);	
scanf("%f",&root);	
scanf("%c %d %lf",*code,&count,&root);	

根据代码写结果或反之：

注意：*常用在一串数字输入时屏蔽中间的几位，一般和宽度符结合使用，当输入列表有 n 个变量需要输入时，需要 n 个格式控制符

scanf("%4d%*2d%d",&r,&s,&d); 输入如下数据：123456789	r、s、d 的值分别是多少？
scanf("%4d%*2d%2d%d",&r,&s,&d); 输入如下数据：123456789	r、s、d 的值分别是多少？
scanf("%4d%*d%d",&r,&s,&d); 输入如下数据：123456789 123	r、s、d 的值分别是多少？
scanf("%4d%*d%d%d",&r,&s,&d); 输入如下数据：123456789 123 456	r、s、d 的值分别是多少？
78 B 45	
123 1.23 45A	
15-10-2002	

填写常用 scanf 格式控制符含义

%c	读取单个字符	%s	
%d		%u	
%f		%o	
%lf		%x	

我们已经知道，C 程序是语句的集合，这些语句在正常情况下是按它们出现的顺序依次执行的。当没有必要进行选择或重复计算时，的确如此。但是，在实际应用中，我们在很多情况下必须基于某些条件而改变语句的执行顺序，或反复执行一组语句，直到满足某些指定的条件。这就需要一种判断机制来判定条件是否发生，并指示计算机相应地运行某些语句。在前面的示例中，我们已经展示了这样的一些判断语句，接下来我们将详细介绍它们的特性、功能和应用。最简单的判断语句是 if 判断语句。

【概念规则】 if 判断语句

if 判断语句的使用方法和流程图如图 2-4 所示。

if 判断语句

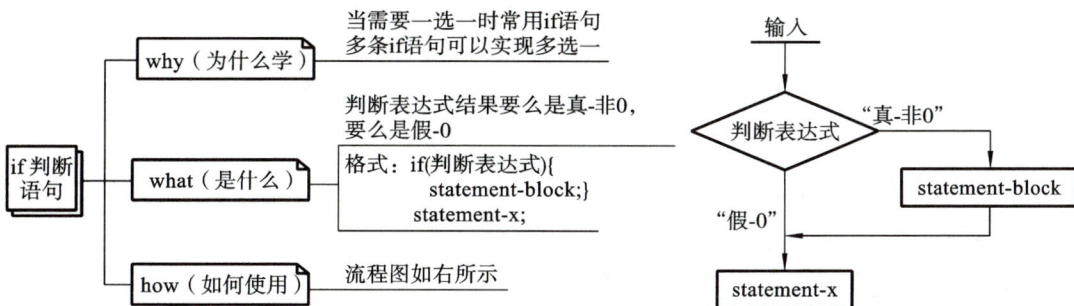

图 2-4　if 判断语句的使用方法和流程图

【专项训练】　分析下面包含 if 语句的程序输出结果，填写任务单 5。

任务单 5：

程序 1：简单 if 语句常用于计数
例如：
`if(weight<50)`
`if(height>170)`
`count=count+1;`
	1. 解释左边代码的含义：
	
	2. 如果要同时满足 3 个条件，怎么用 if 语句实现（不可用逻辑运算符）？

程序 2：年龄程序 ```\n1 #include <stdio.h>\n2 #define MINOR 35\n3 int main()\n4 {\n5 int age=0;\n6 printf("请输入您的年龄: ");\n7 ag: scanf("%d",&age);\n8 printf("您的年龄是%d\n",age);\n9\n10 if(age<MINOR){\n11 printf("青春是美妙的! \n");\n12 }\n13 printf("年龄决定了你的精神世界，好好珍惜吧! \n");\n14 goto ag;\n15 }\n```	1. 输入 30，输出结果： 2. 输入 40，输出结果： 3. 你的发现：
程序 3：计算程序 ```\n1 #include<stdio.h>\n2 int main()\n3 {\n4 int a=10,b=5,c=12;\n5 if(a<b)c=c-2;\n6 if(c>a)b=b+2;\n7 a=a-3;\n8 printf("a=%d,b=%d,c=%d",a,b,c);\n9 return 0;\n10 }\n```	画出流程图并写出结果：

【概念规则】 if-else 选择语句

if-else 选择语句的使用方法和流程图如图 2-5 所示。

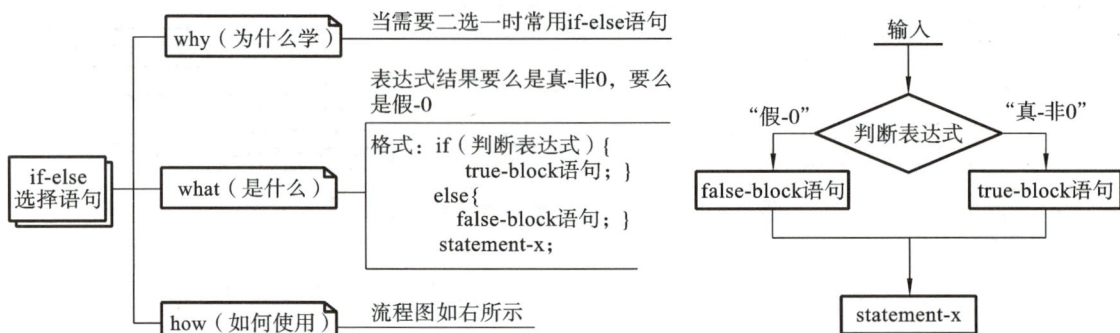

图 2-5　if-else 选择语句的使用方法和流程图

【专项训练】 分析下面程序的输出结果，填写任务单 6。

if-else 选择语句

任务单 6：

程序 1：计算程序	画出流程图并写出结果：
| ```c
#include<stdio.h>
int main()
{
    int a=10,b=5,c=12;
    if(a<b)c=c-2;
    if(c>a)b=b+2;
    else a=a-3;
    printf("a=%d,b=%d,c=%d",a,b,c);
    return 0;
}
``` | |

程序 2：计算某个班男生和女生的数量。

假定当 code 为 1 时表示该学生为男孩，当 code 为 2 时表示该学生为女孩。实现这个计数的程序有两种，你觉得哪种更好呢？请说明原因

程序 2-a：	程序 2-b：
| ```c
if(code==1)
    boy=boy+1;
if(code==2)
    girl=girl+1;
``` | ```c
if(code==1)
    boy=boy+1;
else
    girl=girl+1;
``` |

程序 3：下面程序是用四种方法来找出 a、b 两个数中的较大者，请画出每种方法的流程图，了解每种方法的特点

四种方法找出两个数中的较大
```

续表

	流程图 1：
| ```
7   //======方法1=============
8       if(a>b)max=a;
9       else max=b
``` | |
| | 流程图 2： |
| ```
10   //=========方法2============
11       if(a>b)max=a;
12       if(b>a)max=b;
``` | |
| | 流程图 3： |
| ```
13   //========方法3============
14       max=a;
15       if(b>a) max=b;
``` | |
| | 流程图 4： |
| ```
16   //=========方法4===========
17       max=(a>b?a:b);
18
19       printf("max=%d",max);
``` | |

总结：

1. if 语句和 if-else 语句的异同点：

2. 方法 4 中条件表达式(?:)的逻辑和哪种方法是一样的？

【概念规则】　条件运算符

　　条件运算符"?:"是三目运算符，需要有三个运算对象。条件运算符的优先级高于赋值运算符，低于关系运算符和算术运算符。

条件运算符

形式:表达式1? 表达式2:表达式3。

运算顺序:先计算表达式1,若为真(非0),求解表达式2,表达式2的值就是整个条件表达式的值,不执行表达式3;若为假(0),求解表达式3,表达式3的值就是整个条件表达式的值,不执行表达式2。

【专项训练】 分析下面程序的输出结果,填写任务单7。

任务单7:

表达式	分析计算过程,写出结果或代码功能,排序
3? 8:6	
! 3? 8:6	
x>=0? x: (-x)	
x>=y? x:y	

下面这个程序片段的功能是什么?
char ch;
scanf("%c",&ch);
ch= (ch>='A'&&ch<='Z')? (ch+'a'-'A'):ch;
printf("%c",ch);	

对程序中的算术运算符、关系运算符、逻辑运算符、条件运算符和赋值运算符按优先级排序	

【一起来找茬】 下面两程序是根据c—d的值输出不同结果,如果c—d不等于0就计算(a+b)/(c—d)并显示结果。程序中有4处错误,请修改错误之处。

```
1  /*==  程序功能: 计算（a+b）/(c-d)=====================
2  ====  算法: 如果c-d不等于0, 输出结果, 否则给出错误提示 ===
3  ====  作者: 陈亨志          =========================*/
4  #include<stdio.h>                // 链接部分
5  int main()
6  {
7  //******声明部分**********
8      int a,b,c,d;
9      float ratio;
10 ag: printf("Enter 4 integer values:");
11     scanf("%d %d %d %d",&a,&b,&c,&d);
12 //******执行+输出部分**********
13     if (c-d)!=0    {
14         ratio = a+b/c-d;
15         printf("Ratio = %f\n",ratio);
16     }
17     else {
18         printf("c-d is zero\n");
19     }
20     goto ag;
21     return 0;
22 }
```

计算(a+b)/(c—d)

2.【案例 7】　判断是否为闰年

扫码观看案例 7 讲解视频,填写任务单 8。

任务单 8:

判断是否为闰年程序卡片

```
1   /*********************************
2   ***   功能: 根据年份判断是否为闰年   ****
3   ***   author: 陈亭志            ****
4   ***   create: 2019-12-12        ****
5   *********************************/
6   #include<stdio.h>
7   int main(void)
8   {
9   //========变量声明和输入=====
10      int year,t;
11  ag: printf("请输入年份: ");
12      scanf("%d",&year);
13  //========数据处理=============
14      t=((year%4==0)&&(year%100!=0)||(year%400==0));
15  //========结果输出============
16      if(t==1)printf("%d年是闰年",year);
17      if(t==0)printf("%d年不是闰年",year);
18      goto ag;
19      return 0;
20  }
```

判断是否为闰年程序讲解

姓名		日期	
声明部分: 变量含义			
执行部分: 流程图			

输出部分: 变量关系表	变量	输入变量	中间变量	输出结果
		year	t	printf()
	变量值 1	2000		
	变量值 2	2008		
	变量值 3	2022		
	变量值 4	1800		

学会的知识点和英文词汇			
几选一？如何优化			
自我评价	知识点掌握程度	程序编写技能掌握程度	

【概念规则】 逻辑运算符

当需要检测多个条件并做出判断时，需要用到逻辑运算符。C 语言共支持 3 种逻辑运算符——逻辑与＆＆、逻辑或‖和逻辑非！。逻辑运算符的使用方法如图 2-6 所示。

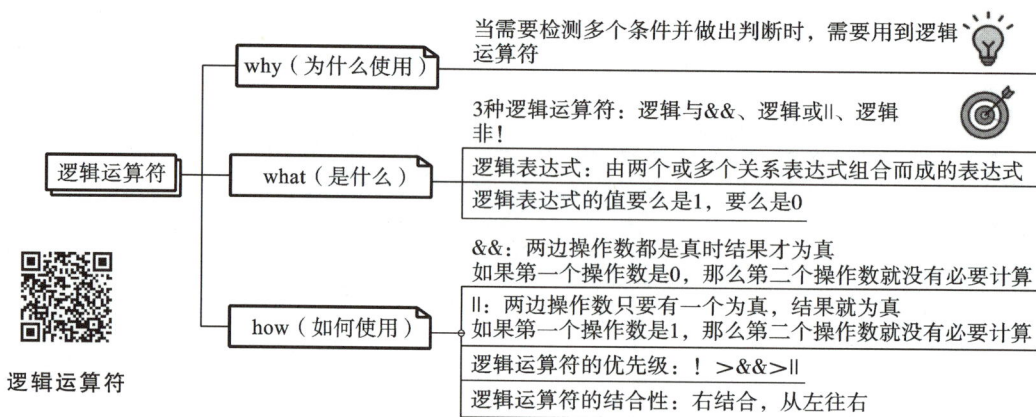

逻辑运算符

图 2-6 逻辑运算符的使用方法

【专项训练】 写出下列表达式的输出结果，填在任务单 9 中。

任务单 9：

表达式	分析，写出结果
3＋4/5＆＆6＜7	
如何表示 12＜＝x＜＝y	
设 s、t、c1、c2、c3、c4 的值均为 2，则执行语句"(s=c1==c2)‖(t=c3＞c4)"后，s、t 的值为：	
printf("％d\n",5==3)；	
表达式 7＞＝3＋4 的计算过程	
对程序中的算术运算符、关系运算符和逻辑运算符按优先级排序	

3.【案例8】　存款余额奖励金计算

```
1    /*==   程序功能：一家商业根据存款余额奖励不同金额=======
2    ======算法：年底给储户奖励余额的2%       =======
3    ====   如果是女性，并且余额大于5000元奖励余额的5%===
4    =================================================*/
5    #include <stdio.h>
6    int main()
7    {
8    //=========声明部分==================
9        float bonus,balance;
10       int sex;              //女性-0，男性-1
11   ag: printf("请输入存款余额和性别");
12       scanf("%f %d",&balance,&sex);
13   //=========处理部分==================
14       if(sex==0)
15           if(balance>5000) bonus=balance*0.05;
16           else bonus=balance*0.02;
17       else bonus=balance*0.02;
18   //=========输出部分==================
19       printf("奖励金额是%f\n",bonus);
20       goto ag;
21       return 0;
22   }
```

案例 8
程序讲解

扫码观看案例 8 程序讲解视频，完成任务单 10 的填写。

任务单 10：

存款余额奖励金计算程序卡片			
姓名		日期	
声明部分：变量定义、输入提醒、变量输入			
执行部分：画出流程图			

续表

测试程序:填写变量关系表	变量	输入变量		输出结果
		balance	sex	bonus
	变量值 1			
	变量值 2			
	变量值 3			
	变量值 4			

将程序的第 14 ~17 行分别改成右侧所示 4 种,分析程序结果会有什么变化

```
14  if(sex==0) {
15      if(balance>5000) bonus=balance*0.05;
16  } else bonus=balance*0.02;
17  else bonus=balance*0.02;
```

```
14  if(sex==0) {
15      if(balance>5000) bonus=balance*0.05;
16      else bonus=balance*0.02;}
17  else bonus=balance*0.02;
```

```
14  if(sex==0);
15      if(balance>5000) bonus=balance*0.05;
16      else bonus=balance*0.02;
17  else bonus=balance*0.02;
```

```
14  if(sex==0)
15  if(balance>5000) bonus=balance*0.05;
16  else bonus=balance*0.02;
17
```

| 学会的知识点和英文词汇 | | | | |

| 自我评价 | 知识点掌握程度 | | 程序编写技能掌握程度 | |

【概念规则】 选择嵌套的书写规则和配对规则

选择嵌套的使用方法和流程图如图 2-7 所示。

选择嵌套

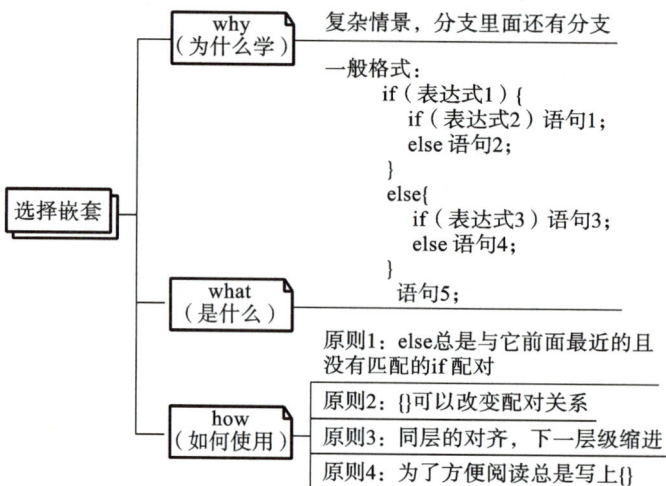

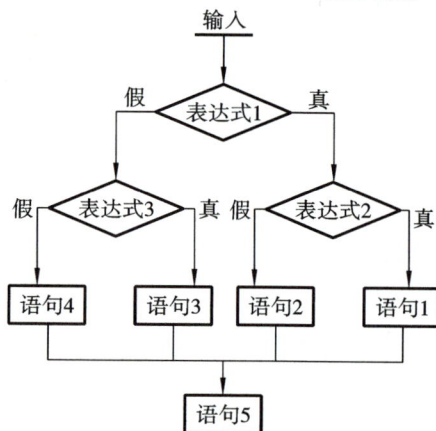

图 2-7 选择嵌套的使用方法和流程图

【专项训练】 分析下列程序的输出结果，填在任务单 11 中。

任务单 11：

选择嵌套语句	分析执行过程，写出结果				

`#include<stdio.h>`
`int main()`
`{const int ready=24;`
`  int code,count;`
`  scanf("%d,%d",&code,&count);`
`  if(code==ready)`
`    if(count<20)`
`      printf("your turn!");`
`  else    printf("my turn!");`
`  return 0;    }`
	变量	测试 1	测试 2	测试 3	测试 4

	ready	24	24	24	24
	code	24	24	18	18
	count	18	24	18	24
	输出				

`#include<stdio.h>`
`int main()`
`{const int ready=24;`
`  int code,count;`
`  scanf("%d,%d",&code,&count);`
`  if(code==ready){`
`    if(count<20)`
`      printf("your turn!");   }`
`  else   printf("my turn!");`
`  return 0;   }`
	变量	测试 1	测试 2	测试 3	测试 4

	ready	24	24	24	24
	code	24	24	18	18
	count	18	24	18	24
	输出				

4.【案例 9】 根据 BMI 指数给出健康建议

案例 9
程序讲解视频

```
1   /*==  程序功能：根据BMI指数给出健康建议，有四种情况=====
2   ====  算法：根据范围分别给出不同建议，四选一=========
3   ====  作者：陈享志              ===================*/
4   #include<stdio.h>
5   int main()
6   {
7   //*******声明部分***********
8       float height,weight,bmi;
9   ag: printf("请输入你的身高（单位：米）height=");
10      scanf("%f",&height) ;
11      printf("请输入你的体重（单位：千克）weight=");
12      scanf("%f",&weight);
13   //*******数据处理部分***********
14      bmi=weight/(height*height);
15   //*******结果输出部分***********
16      printf("你的BMI指数是%f\n",bmi);
17      if(bmi>28)             printf("体型肥胖，管住嘴迈开腿\n");
18      else if(bmi>=24&&bmi<28)  printf("体型偏胖，要加强运动\n");
19      else if(bmi>=18.5&&bmi<24) printf("体重正常，请继续保持\n");
20      else                  printf("体重过轻，请注意营养\n");
21      goto ag;
22      return 0;
23   }
```

扫码观看案例9程序讲解视频,完成任务单12的填写。

任务单12:

<table>
<tr><td colspan="7" align="center">根据BMI指数给出健康建议程序卡片</td></tr>
<tr><td align="center">姓名</td><td colspan="3"></td><td align="center">日期</td><td colspan="2"></td></tr>
<tr><td>声明部分:变量定义、输入提醒、变量输入</td><td colspan="6"></td></tr>
<tr><td>执行部分:画出流程图</td><td colspan="6"></td></tr>
<tr><td rowspan="6">测试程序:填写变量关系表</td><td rowspan="2" align="center">变量名</td><td colspan="2" align="center">输入变量</td><td align="center">中间变量</td><td rowspan="2" align="center">输出结果</td></tr>
<tr><td align="center">height</td><td align="center">weight</td><td align="center">bmi</td></tr>
<tr><td align="center">变量值1</td><td></td><td></td><td align="center">32</td><td></td></tr>
<tr><td align="center">变量值2</td><td></td><td></td><td align="center">26</td><td></td></tr>
<tr><td align="center">变量值3</td><td></td><td></td><td align="center">20</td><td></td></tr>
<tr><td align="center">变量值4</td><td></td><td></td><td align="center">16</td><td></td></tr>
<tr><td>将程序的第17~20行改成右侧所示可以吗?分析原因</td><td colspan="6">

```
17   if(bmi>28)        printf("体型肥胖, 管住嘴迈开腿");
18   else if(bmi>=24)  printf("体型偏胖, 要加强运动");
19   else if(bmi>=18.5) printf("体重正常, 请继续保持");
20   else              printf("体重过轻, 请注意营养");
```
</td></tr>
<tr><td>将程序的第17~20行改成右侧所示可以吗?分析原因</td><td colspan="6">

```
17   if(bmi>28)       printf("体型肥胖, 管住嘴迈开腿");
18   if(bmi>=24)      printf("体型偏胖, 要加强运动");
19   if(bmi>=18.5)    printf("体重正常, 请继续保持");
20   if(bmi<18.5)     printf("体重过轻, 请注意营养");
```
</td></tr>
<tr><td>学会的知识点和英文词汇</td><td colspan="6"></td></tr>
<tr><td>自我评价</td><td>知识点掌握程度</td><td colspan="2"></td><td>程序编写技能掌握程度</td><td colspan="2"></td></tr>
</table>

【概念规则】　else-if 语句

else-if 语句的使用方法和流程图如图 2-8 所示。

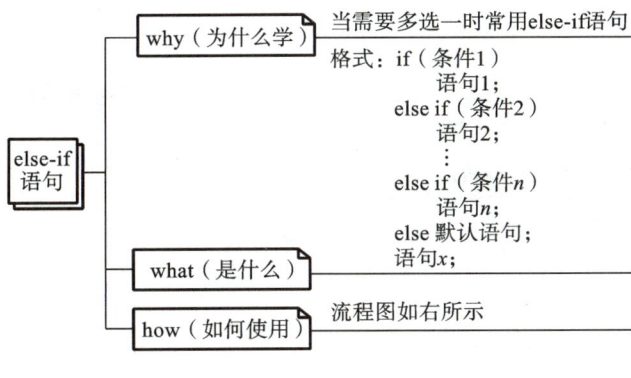

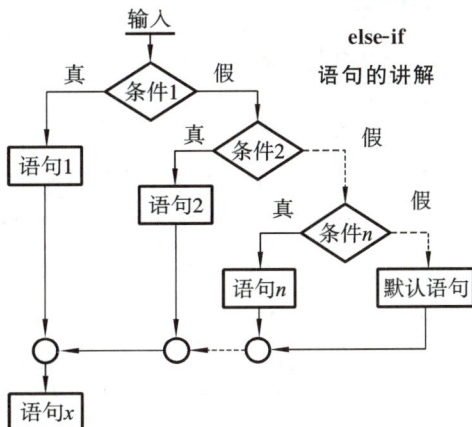

else-if
语句的讲解

图 2-8　else-if 语句的使用方法和流程图

【专项训练】　分析下列程序的输出结果，填在任务单 13 中。

任务单 13：

选择嵌套语句	分析执行过程，写出结果

运行下面程序时，若从键盘输入数据为"6,5,7<CR>"，则输出结果是（　　）
 	
``c
#include<stdio.h>
void main(){
int a,b,c;
scanf("%d,%d,%d",&a,&b,&c);
if(a>b)
if(a>c)printf("%d\n",a);
else printf("%d\n",c);
else if(b>c)printf("%d\n",b);
else printf("%d\n",c);}
``	

假定所有变量均已正确说明，下列程序段运行后 x 的值是（　　）
 	
``c
a=b=c=0;
x=35;
if(!a)x--;
else if(b);
if(c)x=3;
else x=4;
``	

5.【案例 10】 玫瑰花语程序

```
1    /*==  程序功能: 根据数量打印玫瑰花语================
2    ====  算法: 多选一, 使用多选一选择语句实现=========
3    ====  作者: 陈享志          ==================*/
4    #include <stdio.h>
5    int main()
6    {
7        int flower;
8        printf("**************************************************\n");
9        printf("||   在古希腊神话中, 玫瑰集爱情与美丽于一身,    ||\n");
10       printf("||   我们常用玫瑰来表达爱情!                   ||\n");
11       printf("||   但是不同朵数的玫瑰花代表的含义是不同的。   ||\n");
12       printf("**************************************************\n\n");
13   ag: printf("输入您想送几朵玫瑰花, 小米会告诉您含义:");
14       scanf("%d",&flower);
15       switch(flower)
16       {
17           case 1:   printf ("1朵: 你是我的唯一! \n");break;
18           case 3:   printf ("3朵: I LOVE YOU! \n");   break;
19           case 10:  printf ("10朵: 十全十美! \n");    break;
20           case 99:  printf ("99朵: 天长地久! \n");    break;
21           case 108:printf ("108朵: 求婚! \n");        break;
22           default:
23           printf ("小米也不知道了! 可以考虑送1朵、3朵、10朵、99朵或108朵哟! \n");
24       }
25       goto ag;
26       return 0;
27   }
```

案例 10
程序讲解视频

扫码观看案例 10 程序讲解视频,完成任务单 14 的填写。

任务单 14:

玫瑰花语——程序卡片			
姓名		日期	
声明部分:变量定义、输入提醒、变量输入			
执行部分:画出流程图			

续表

变量名	输入变量	输出结果
	flower	
变量值 1	1	
变量值 2	2	
变量值 3	3	
变量值 4	10	
变量值 5	99	
变量值 6	108	

测试程序:填写变量关系表（第一列左侧标题）

将程序的第 17～21 行改写成右侧所示可以吗?测试程序,你发现了什么?

```
17    case 1:   printf ("1朵: 你是我的唯一! \n");
18    case 3:   printf ("3朵: I LOVE YOU! \n");
19    case 10:  printf ("10朵: 十全十美! \n");
20    case 99:  printf ("99朵: 天长地久! \n");
21    case 108:printf ("108朵: 求婚! \n");
```

用 else-if 语句改写程序的第 15～24 行,将代码写在右边

学会的知识点和英文词汇

自我评价	知识点掌握程度		程序编写技能掌握程度	

【概念规则】　switch-case 语句

switch-case 语句使用方法和流程图如图 2-9 所示。

注意事项:

(1) 条件表达式的数据类型是任意整数,不允许出现小数。

(2) 只要打开一个门就"通吃",除非有 break。

(3) 1 把或多把钥匙只能打开一个门,反之错误。

(4) 语句组如果是复合语句,可以添加{},也可以不加。

(5) 适用于"多选一"或"多选多"情形。

switch-case语句流程：

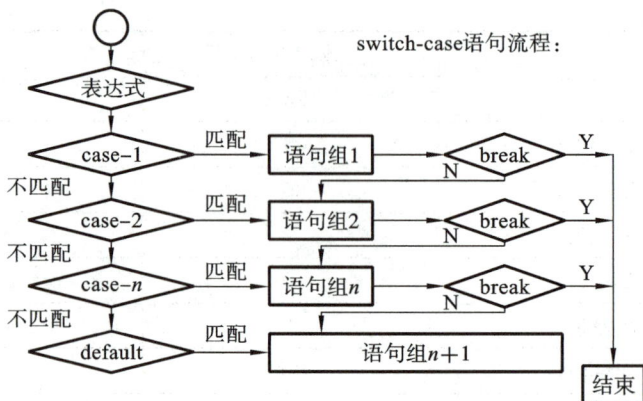

switch-case
语句

当选择的分支比较多时，嵌套的if语句层数就会很多，导致程序冗长，可读性下降。可用switch语句来处理多分支选择问题，配合break实现多选一或多选多

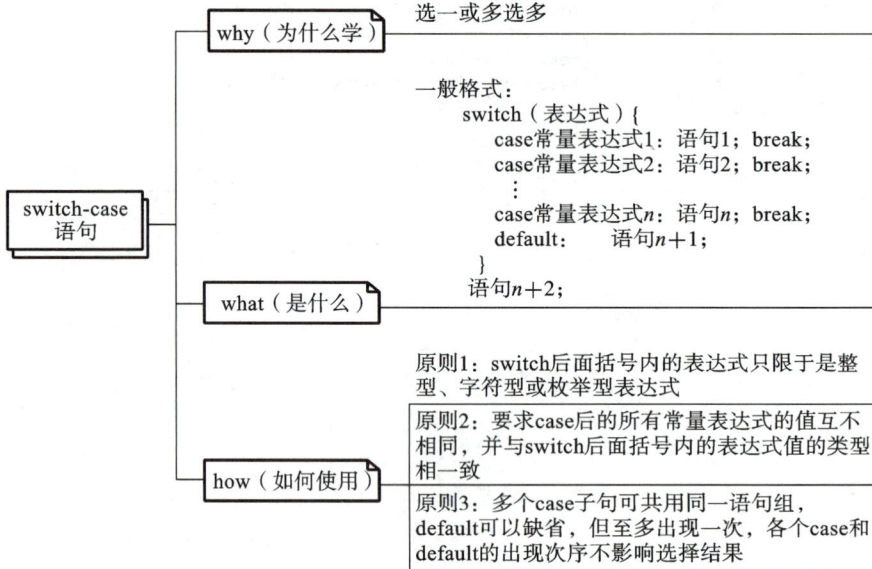

why（为什么学）

一般格式：
switch（表达式）{
case常量表达式1：语句1；break;
case常量表达式2：语句2；break;
⋮
case常量表达式n：语句n；break;
default：　语句n+1；
}
语句n+2;

switch-case
语句

what（是什么）

原则1：switch后面括号内的表达式只限于是整型、字符型或枚举型表达式

原则2：要求case后的所有常量表达式的值互不相同，并与switch后面括号内的表达式值的类型相一致

how（如何使用）

原则3：多个case子句可共用同一语句组，default可以缺省，但至多出现一次，各个case和default的出现次序不影响选择结果

图 2-9　switch-case 语句使用方法和流程图

【专项训练】　分析下列程序的输出结果，填在任务单 15 中。

任务单15：

运行下面的代码	输出结果

`int x=2;int y=1;int z=0;`
`switch(x)`
`　{ case　2:x=1;y=x+1;`
`　case　1:x=0;break;`
`　default:x=1;y=0;}`	

续表

运行下面的代码	输出结果

`int x=2;int y=1;int z=0;`
`switch(y)`
`　　{ case　0:x=0;y=0;`
`　　case　2:x=2;y=2;`
`　　　default:x=1;y=2;}`	

`char　ch='a';`
`switch(ch)`
`　　{ case　'a':printf("A");`
`　　case　'b':printf("B");`
`　　　default:printf("C");}`	

【一起来找茬】　下面这段代码是计算运输费用的程序,费用计算规则如下:

运费 t=运输距离 s×运输质量 w×单价 p,单价标准为 5 元/(吨·千米)

如果距离远,单价按以下情况予以优惠。

(1)当 $s<500$ km 时,没有优惠,单价为 5 元/(吨·千米)。

(2)当 500 km$\leqslant s<1000$ km 时,单价优惠 2%。

(3)当 1000 km$\leqslant s<2000$ km 时,单价优惠 5%。

(4)当 2000 km$\leqslant s<3000$ km 时,单价优惠 8%。

(5)当 $s\geqslant3000$ km 时,单价优惠 10%。

这段代码中有 5 处错误,快来改正吧!

```c
1  #include <stdio.h>
2  int  main( )
3  {
4      int  s , w , g ;
5      float  p , t ;
6      printf("请输入运输距离(km):") ;
7      scanf("%d ,&s") ;
8      printf("请输入运输质量(吨):") ;
9      scanf("%d,&w") ;
10     g = s / 500.0 ;
11     switch(g)
12     {
13     case  0 :  p = 5 ;  break ;
14     case  1 :
15     case  2 :  p = 5* 0.98 ;  break ;
16     case  3 :  p = 5* 0.95 ; break ;
17     case  4 :
18     case  5 :  p = 5* 0.92 ;
19     default :  p = 5* 0.9 ;
20     }
21     t = p * w * s ;
22     printf("单价是:%.2f(元/(吨·千米)),总额是: %.2f(元)\n",p,t) ;
23     return 0;
24  }
```

2.6.3　补全任务

1.【案例 11】　计算实际收入

案例 11
程序讲解视频

```
1    /*************************************************
2    *** 功能: 根据工资和扣税规则计算实际收入          **
3    *** 规则: 工资<=5000元不扣税; 5000元<工资<=8000元扣税10% **
4    *** 规则: 工资>10000元扣税20%; 8000元<工资<=10000元扣税15%**
5    *** create: XXX       2019-12-12              **
6    *************************************************/
7    #include<stdio.h>
8    int main()
9    {
10       float salary,tax,income;
11   ag: printf("请输入你的工资（单位：元）salary=");
12       scanf("%f",&salary) ;
13
14
15
16
17
18       printf("扣掉税tax=%.2f元\n你的实际收入income=是%.2f元\n",tax,income);
19       goto ag;
20       return 0;
21   }
```

扫码观看案例 11 程序讲解视频，完成任务单 16 的填写。

任务单 16：

计算实际收入——程序卡片			
姓名		日期	
声明部分:变量定义、输入提醒、变量输入			
执行部分:画出流程图			

续表

	变量	输入变量1	输出变量1	输出变量2
		salary	tax	income
测试程序:填写变量关系表	变量值1	4000		
	变量值2	7000		
	变量值3	10 000		
	变量值4	30 000		
用 if 语句补全第 13～17 行,将代码写在右边				
用 else-if 语句补全第 13～17 行,将代码写在右边				
学会的知识点和英文词汇				
自我评价	知识点掌握程度		程序编写技能掌握程度	

2.【案例 12】　根据边长计算三角形面积

案例 12
程序讲解视频

```
6   #include <stdio.h>
7                                        //补全
8   int  main()
9  {
10      float a,b,c,s,area;
11  ag: printf("请输入三边数值 :");
12      scanf("%f%f%f",&a,&b,&c);
13      if(              ){             //补全
14          printf("输入的数据无效\n");}
15      else if(              ){         //补全
16          printf("输入的三边不构成三角形\n");}
17      else {
18          s=                           //补全
19          area=                        //补全
20          printf("area=%.2f\n",area);
21          }
22      goto ag;
23      return 0;
24  }
```

扫码观看案例12程序讲解视频,请补全代码,并完成任务单17的填写。

任务单17:

根据边长计算三角形面积——程序卡片				
姓名			日期	
声明部分: 变量定义 输入提醒 变量输入				
执行部分: 画出流程图				
测试程序: 填写变量关系表	变量	输入变量1	输入变量2	输入变量3	输出变量
		a	b	c	s
	变量值1				
	变量值2				
	变量值3				
	变量值4				
补全第7行 补全第13行 补全第15行				
补全第18~19行				
学会的知识点 和英文词汇				
自我评价	知识点掌握程度		程序编写技能掌握程度	

3.【案例13】 输出百分制成绩的对应等级

```
1   /***********程序功能: 百分制转化为等级制*********************
2   ***********规则: 90~100-----A ; 80~89------B ********************
3   ***********规则: 70~79------C; 60~69-----D  *****************
4   ***********规则: 0~59-------E; 不在0~100范围内提醒:请重新输入! */
5   #include <stdio.h>
6   int main()
7   {
8   //=======变量声明=============
9       int score;
10      char grade;
11  ag: printf("请输入你的成绩: ");
12
13      //=======数据处理 ==========
14
15      switch(score){
16          case 10:
17          case 9:
18          case 8:
19          case 7:
20          case 6:
21          case 5:
22          case 4:
23          case 3:
24          case 2:
25          case 1:
26          case 0:  grade='E'; break;
27          default: printf("请重新输入!\n");goto ag;
28          }
29  //=======数据输出=======
30      printf(" your grade is   \n",      );
31      goto ag;
32      return 0;
33  }
```

案例13
程序讲解视频

扫码观看案例13程序讲解视频,完成任务单18的填写。

任务单18:

输出百分制成绩的对应等级——程序卡片			
姓名		日期	
声明部分: 变量定义 输入提醒 变量输入			
执行部分: 画出流程图			

续表

变量	输入变量	输出变量	输出结果
	score	grade	
变量值 1	100		
变量值 2	93		
变量值 3	80		
变量值 4	73		
变量值 5	60		
变量值 6	39		
变量值 7	8		
变量值 8	0		
变量值 9	103		
变量值 10	−5	.	
变量值 11	−10		

测试程序：填写变量关系表

补全第 12～14 行

补全第 15～28 行

补全第 30 行

程序中有个 bug，你发现了吗？如何修改

变量 grade 的作用是什么？

学会的知识点和英文词汇

自我评价	知识点掌握程度		程序编写技能掌握程度	

4.【案例 14】 数值价格分布计算

```
1    /**********程序功能：数值价格分布计算*********************
2    **********规则：根据输入的系列数据计算平均值以及数值范围 ***
3    **********规则：数值范围=最大值—最小值*********************
4    **********规则：输入一个负数表示结束*********************/
5    #include <stdio.h>
6    int main()
7    {
8    //=======变量声明============
9        int count;
10       float value,high,low,sum,average,range;
11       sum=0;count=0;
12   ag: printf("请在一行输入多个数据：");
13       printf("输入负数时结束程序：");
14   //========数据处理 ===========
15   in: scanf("%f",&value);
16       if(value<0)  goto ?;
17       ?;
18       if(count==1)
19           high=low=? ;
20       else if(value>high)
21           ?;
22       else if(value<low)
23           ?;
24       sum= ?        ;
25       goto ?    ;
26   end:average=sum/count;
27       range=high-low;
28   //========数据输出========
29       printf("\n");
30       printf("输入了%d个数据\n",? );
31       printf("最大值：%f\n最小值:%f\n",?,?);
32       printf("数值范围：%f\n平均值:%f\n",?,?);
33       goto ag;
34       return 0;
```

　　该程序是用计算机对市场调查报告数据进行分析，以下是一些经销商的售价：35.00、40.50、25.00、31.25、68.15、47.00、26.65、29.00、53.45、62.50。

　　请用此程序计算平均售价以及价格范围。请补全代码，并完成工作单 19 的填写。

　　任务单 19：

数值价格分布计算——程序卡片			
姓名		日期	
声明部分： 变量定义、 输入提醒、 变量输入			
执行部分： 画出流程图			

续表

输入变量 value	变量值	变量	变量值
变量值 1	35.00	count	c
变量值 2	40.50	high	
变量值 3	25.00	low	
变量值 4	31.25	average	
变量值 5	68.15	range	
变量值 6	−8		

（测试程序：填写变量关系表）

补全第 16～25 行

学会的知识点和英文词汇

自我评价	知识点掌握程度		程序编写技能掌握程度	

2.6.4 完整任务

1.【案例 15】 完整超市找零程序

编写一个完整的程序,满足如下要求。

(1) 有超市介绍和打折信息。

(2) 找零票面有 13 种:100 元、50 元、20 元、10 元、5 元、2 元、1 元、5 角、2 角、1 角、5 分、2 分、1 分。

(3) 根据找零数值大于 0、等于 0 和小于 0 有三种提示,分别为:应找您××元;无须找零;票面不足,还需要××元。

(4) 需要找零的情形,又按照如下两种原则来找零:

①按照找零张数最少的原则来找零;

②按照优先某种票面的原则来找零。

2.【案例 16】 英文月份输出程序

编写一个完整的程序,读取 1～12 之间的一个值,然后显示该月的英文,当输入的值不在此范围时,显示错误提示。

3.【案例 17】　根据产品数量计算周薪程序

编写一个完整的程序,计算某家用产品营销人员的周薪。如果 x 为某营销人员一周所卖出的产品数量,那么他的周薪计算如下:

（1）salary＝$4x＋100$,$x<40$;

（2）salary＝300,$x=40$;

（3）salary＝$4.5x＋150$,$x>40$。

4.【案例 18】　两个数的计算器程序

编写一个完整的计算器程序,程序运行结果如图 2-10 所示。

5.【案例 19】　执行力程序

编写一个完整的程序,实现执行力的功能,流程图、程序框架和执行结果分别如图 2-11、图 2-12 所示。

图 2-10　案例 18 程序
运行结果

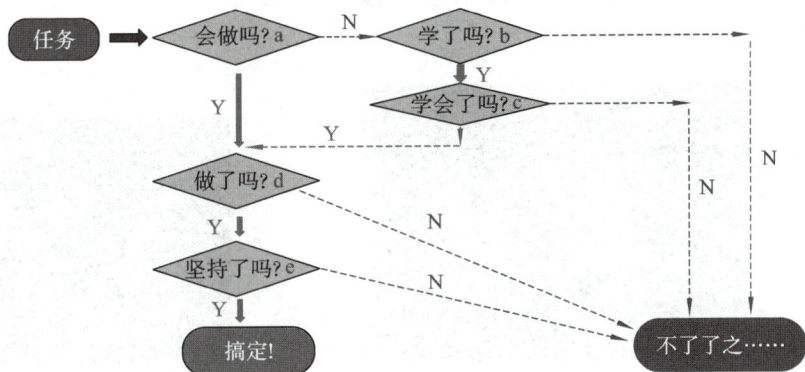

图 2-11　执行力程序流程图

6.【案例 20】　判断某个点的象限程序

编写一个完整的程序,用以判断一个点在哪个象限或坐标轴。

7.【案例 21】　输入一个数凑 24 点的程序

编写一个完整的程序,输入任意一个整数,通过加、减、乘、除四种方法得到算出 24 的所有计算式子,如果算不出 24,就文字提示:没有整数乘法/除法因子。程序运行结果如图 2-13 所示。

8.【案例 22】　一元一次方程的求解程序

编写一个完整的程序,计算一元一次方程的解。程序运行结果如图 2-14 所示。

9.【案例 23】　一元二次方程的求解程序

编写一个完整的程序,计算一元二次方程的解。程序运行结果如图 2-15 所示。

```
#include<stdio.h>
int main()
{
    int a,b,c,d,e;
ag: printf("会做吗? \n");
    scanf("%d",&a);
    if(a==1){
ag1:    printf("做了吗? \n");
        scanf("%d",&d);
        if(d==1){
        else{printf("不了了之! \n\n");
        }
    }
    else{
        printf("学了吗? \n");
        scanf("%d",&b);
        if(b==1){
        else{printf("不了了之! \n\n");}
    }
    goto ag;
    return 0;
}
```

```
会做吗?
0
学了吗?
1
学会了吗?
1
做了吗?
1
坚持了吗?
1
搞定!
```

图 2-12　执行力程序框架和执行结果

```
请输入1个整数: 22
 22 +     2 = 24
 46 -    22 = 24
没有整数乘法因子
 528 /   22 = 24

请输入1个整数: 54
 -30 +   54 = 24
 54 -    30 = 24
没有整数乘法因子
没有整数除法因子
```

图 2-13　案例 21 程序运行结果

```
请输入ax+b=0的系数(空格间隔): 3 6
一次方程的根x=-2.000000
3.000*-2.000+6.000=0.000

请输入ax+b=0的系数(空格间隔): 0 8
非法系数!

请输入ax+b=0的系数(空格间隔): -5 9
一次方程的根x=1.800000
-5.000*1.800+9.000=0.000

请输入ax+b=0的系数(空格间隔):
```

图 2-14　案例 22 程序运行结果

```
请输入ax^2+bx+c=0的系数(空格间隔): 1 -2 1
二次方程的根x1=1.000000 x2=1.000000
1.000*1.000*1.000+-2.000*1.000+1.000=0.000
1.000*1.000*1.000+-2.000*1.000+1.000=0.000

请输入ax^2+bx+c=0的系数(空格间隔): 0 4 8
非法系数!

请输入ax^2+bx+c=0的系数(空格间隔): 4 3 8
二次方程没有实数根
```

图 2-15　案例 23 程序运行结果

2.6.5　开放任务

（1）设计一个程序，包含知识点算术运算符、printf()函数、数学库函数(maths.h 里某个函数)、多种数据类型，填写任务单 20。

任务单 20：

程序功能	
程序输入 程序输出	

续表

流程图和 主要代码	

（2）扫码观看学习单元二程序的常见故障视频,结合自己在编程中遇到的故障和采取的解决方法,总结本单元程序的各种故障,填写任务单21。

任务单21:

学习单元二 程序的 常见故障	学习单元二 程序的常见故障

2.7　学习评价

2.7.1　课后练习

1. 判断题

（1）当 if 语句嵌套时,最后一个 else 与前面最近的无 else 配对的 if 语句相关联。（　　）

（2）一条 if 语句可以有多条 else 子句。（　　　）

（3）switch 语句总是可以用一系列的 if-else 语句来替换。（　　　）

（4）switch 表达式可以是任意类型。（　　　）

（5）当遇到 break 语句时，程序停止运行。（　　　）

（6）else-if 中的每个表达式必须测试相同的变量。（　　　）

（7）if 表达式可以是任意类型。（　　　）

（8）每个 case 标签只能有一条语句。（　　　）

（9）在 switch 语句中需要 default 语句。（　　　）

（10）！（（x＞＝10）||（y＝＝5））等于（x＜10）＆＆（y！＝5）。（　　　）

2. 填空题

（1）当且仅当两个操作数都是真时，_____ 运算结果才是真。

（2）多路选择可以使用 else-if 语句或 _____ 语句来完成。

（3）在 switch 语句中，运行 _____ 语句时，将导致立即从该结构中退出。

（4）运算符?:的三元条件表达式可以很容易地通过 _____ 语句来实现。

（5）表达式！（x！＝y）可以用表达式 _____ 来替换。

3. 请找出下面程序中的错误（如果有）

（1）if(x+y=z&&y>0) printf("");

（2）if(code>1);a=b+c
　　　else a=0

（3）if(p<0)||(q<0)
　　　printf("sign is negative");

（4）if(x>10)then printf("\n");

（5）if x>=10 printf("ok");

（6）if(x=10) printf("good");

（7）if(x<=10) printf("welcome");

4. 假设 x＝10,请指出下面逻辑表达式的值是真还是假

（1）x＝＝10＆＆x＞10＆＆！x

（2）x＝＝10||x＞10＆＆！x

（3）x＝＝10＆＆x＞10||！x

（4）x＝＝10||x＞10||！x

5. 请简化下列复合逻辑表达式

（1）！（x＜＝10）

（2）！（x＝＝10）||！（（y＝＝5）||（z＜0）

（3）！（（x+y＝＝z）＆＆！（z＞5））

（4）！（（x＜＝5）＆＆（y＝＝10）＆＆（z＜5））

6. 选择题

(1) 假设初始时 x＝5,y＝0,运行下面的代码段后,x 和 y 的值将分别变为(　　　)。

```
if(x&&y)x=10;
else  y=10;
```

A. x＝5,y＝10 　　　　　　　　　B. x＝10,y＝0

C. x＝5,y＝0 　　　　　　　　　　D. x＝10,y＝10

(2) 假设初始时 x＝5,y＝0,z＝1,运行下面的代码段后,y 和 z 的值将分别变为(　　　)。

```
if(x||y||z)y=10;
else  z=0;
```

A. y＝0,z＝0 　　　　　　　　　　B. y＝10,z＝0

C. y＝10,z＝1 　　　　　　　　　D. y＝0,z＝1

(3) 假设初始时 x＝5,y＝0,z＝1,运行下面的代码段后,z 的值将变为(　　　)。

```
if(x)
if(y)   z=10;
else z=0;
```

A. z＝0 　　　　　　　　　　　　B. z＝1

C. z＝5 　　　　　　　　　　　　D. z＝10

(4) 假设初始时 x＝5,y＝0,z＝1,运行下面的代码段后,y 和 z 的值将分别变为(　　　)。

```
if(x==0||x&&y)
if(!y)   z=0;
else  y=1;
```

A. y＝0,z＝0 　　　　　　　　　　B. y＝0,z＝1

C. y＝1,z＝1 　　　　　　　　　　D. y＝1,z＝0

(5) 当运行下面的代码后,x 的输出是(　　　)。

```
int x=10,y=15;
x=(x>y)?(y+x):(y-x);
```

A. x＝10 　　　　B. x＝5 　　　　C. x＝25 　　　　D. x＝1

(6) 当运行下面的代码后,输出是(　　　)。

```
int x=0;
if(x>=0)
if(x>0)printf("number is positive");
else printf("number is negative");
```

A. number is positive 　　　　　　B. number is negative

C. x＝0 　　　　　　　　　　　　D. 没有输出

(7) 当运行下面的代码后,输出是(　　　)。

```
int x=10,y=20;
if((x>y)||(x=x+5))   printf("%d",x);
else  printf("%d",y);
```

A. 10 　　　　　　B. 15 　　　　　　C. 20 　　　　　　D. 25

(8) 当运行下面的代码后,输出是( )。

```
int x=20,y=10;
if((x>y)||(x=x+5))  printf("%d",x);
else  printf("%d",y);
```
A. 10   B. 15   C. 20   D. 25

(9) 当运行下面的代码后,输出是( )。

```
int x=20,y=0;
if(y)if((x>y)||(x=x+5))  printf("%d",x);
else  printf("%d",y);
```
A. 0   B. 15   C. 20   D. 没有输出

(10) 当运行下面的代码后,输出是( )。

```
int a=10,b=5;
if(a>b){
if(b>5)printf("%d",b);}
else printf("%d",a);
```
A. 0   B. 5   C. 10   D. 没有输出

7. 编程题

(1) 请分别使用嵌套 if 语句、else-if 语句、条件运算符?:编写一个程序,读取 x 的值,并计算如下函数:

y=1,x<=0; y=-1,x>0

(2) 请编写一个程序,通过键盘输入 3 个整数值,并显示输出,说明它们能否是直角三角形的三条边。

(3) 某电表按照如下比率计费:前 200 度(1 度=1 千瓦·时)电每度 0.8 元;后 100 度电每度 0.9 元;超过 300 度电每度 1 元。所有用户都是按最少 100 度电进行收费,如果总费用大于 400 元,还要加收 15% 的费用。

请编写一个程序,读取用户名和用电量,并按用户名显示应收费额。

(4) 请编写一个程序,读取 double 类型的 x 值和字符类型的变量 T,其中 x 表示的是以弧度为单位的角,T 表示的是三角函数的类型,然后显示如下值:

①sin(x),假定把 s 或 S 赋给 T;

②cos(x),假定把 c 或 C 赋给 T;

③tan(x),假定把 t 或 T 赋给 T。

请分别使用以下语句来实现:

①if-else 语句。

②switch 语句。

2.7.2 自评和周记

根据评价量表认真填写前面的任务单,自评学习成果,并填写 4F 周记。

4F 周记			
1. 学会的 facts （1）知识点思维导图； （2）程序卡片； （3）梳理概念之间的关系，形成概念图	2. 情绪 feelings （1）正面情绪 1～2 个词，分析该情绪产生的原因； （2）负面情绪 1～2 个词，分析该情绪产生的原因	3. 发现 findings （1）清楚学习任务和评价标准吗？ （2）分析情绪产生的原因后，有什么发现？ （3）自己是如何写出程序的？ （4）需要什么帮助	4. 计划 futures 　针对前面 3 个 F 的分析，你觉得自己的学习方法是高效的吗？学习有成就感吗？针对自己的情况在下周的学习中准备有什么行动或调整？写出较详细的计划

学习单元三 模块化设计
——函数

3.1 单元描述

通过前两个单元的学习,大家对程序编写有了更为清晰的认识和深入的体会,逐渐能够编写出功能强大的程序。随着代码量的不断增加,对程序进行模块化处理的重要性也日益凸显。模块化程序设计,简而言之,就是将复杂的程序划分为小而独立的程序段(我们称之为模块)。这些模块单独命名,成为单个可调用的程序模块。在 C 语言中,每个这样的模块就是一个函数,负责完成单一的特定任务。这正是问题求解中"分而治之"策略的具体应用。

这种"分而治之"的方法具有诸多优点:首先,它有助于我们实现自顶向下的模块化编程,即先处理整个问题的高层逻辑,再逐步设计每个底层函数的细节;其次,通过合理使用函数,我们可以有效缩短源程序的长度,这对于内存有限的微型计算机而言至关重要;再次,它使得我们更容易定位和隔离存在错误的函数,从而便于进一步的检查和修正;最后,函数具有可重用性,可以被其他多个程序共享,这意味着我们可以在别人工作的基础上构建自己的 C 程序,而不必一切从头开始。

以超市找零程序为例,如果票面最少,我们默认从面值大的票券开始找零。比如,需要找零 75.5 元时,按照票面最少的方式,我们会这样找零:50 元一张,20 元一张,5 元一张,5 角一张。然而,如果找零方式有所变化,比如超市 20 元票券丰富,我们可能会优先使用 20 元票券进行找零,那么找零方式就会变为:20 元三张,10 元一张,5 元一张,5 角一张。因此,在超市找零程序中,我们可以设计多种找零方式,并将这些基于不同方式的找零程序作为用户函数,通过主程序进行调用,从而实现功能丰富的超市找零程序。

C 语言的强大功能之一在于其函数的易用性。C 语言中的函数主要分为两类:库函数和自定义函数(也称为用户函数)。其中,main() 函数就是一个典型的自定义函数,只不过它具有特殊性,因为 C 语言的执行总是从 main() 函数开始。而像 printf()、scanf() 这样的函数则属于库函数范畴。当然,我们还使用过其他库函数,如 sqrt()、sin()、pow() 等。这两类函数的主要区别在于:库函数是系统提供的,我们无须自己编写;而自定义函数则需要用户根据自己的需求进行开发。

本单元将深入讲解以下内容:如何设计函数、如何在程序中使用函数、如何将两个或更多个函数组合在一起、函数之间是如何进行通信的。

完成本单元的学习后,你将能够将前两个单元的程序改写为主子程序调用的形式,并逐步建立起自己的特色函数库。更为重要的是,你将养成"分而治之"的编程习惯。在实际工作中,复杂程序往往是多人合作的结果,因此培养模块化编程习惯显得尤为重要。

本单元任务单中的程序均采用了模块化编程的方式。虽然这些程序看起来并不复杂,但刻意的模块化编程训练,将为你后续章节的模块化编程打下坚实基础。这些程序的特点在于:

处理的数据量适中,程序逻辑相对简单(通常包含两到三层结构),结构略显复杂,初始状态可以通过键盘输入来设定,且程序结构实现了单元化设计。希望通过本单元的学习,你能够独立完成多种找零程序的编写,并核对超市找零程序的正确性!

学习之路,贵在坚持。让我们继续前行,探索编程的无限可能!

3.2　单元目标

(1) 通过学习,能够用自己的话描述如下知识点:

①库函数和用户函数;

②使用用户函数的优点;

③模块化编程;

④函数定义、函数声明和函数调用;

⑤函数名、函数类型、参数列表;

⑥局部变量声明、函数语句、返回语句;

⑦形式参数和实际参数;

⑧函数的嵌套和递归;

⑨内部变量和外部变量;

⑩静态变量和外部变量。

(2) 能应用学到的概念和规则,编写程序,解决如下问题。

①能用主子程序调用的方式改写两个数相加的程序。

②能用主子程序调用的方式改写根据 BMI 值给出健康建议的程序。

③能用主子程序调用的方式改写如下程序:根据收入计算所得税、根据 BMI 给出健康建议、玫瑰花语程序。

④能用主子程序调用的方式改写如下程序:输出 12 个月份的英文、早餐菜单、成绩等级。

⑤能用主子程序调用的方式编写可选多种超市找零方案并核对的综合程序。

(3) 在学习过程中,掌握高效学习方法,培养自我引导的学习习惯,主要体现在以下方面。

①能认真细致地填写程序卡片,严谨细致地编写程序,添加合适的注释,遵循可读性强的编程原则。

②遇到困难时不轻易放弃,能主动跟同学和老师交流学习中的疑难问题。

③能察觉学习过程中自己的情绪,能自我排解不良情绪,积极调整心态,进一寸有得一寸的欢喜。

④能承担起小组角色和责任,认真聆听组员的发言,体察他人的情绪,积极参与小组任务,与组员互相学习、共同进步。

⑤能根据任务书和评价量表,自评知识点和程序编写技能的掌握情况,清楚自己的学习进展,根据自己的进度合理安排学习计划,在这个过程中能主动寻找资源和帮助,培养自学能力和合作能力。通过自我监控学习过程,逐渐培养自我引导的学习习惯。

3.3 任务列表

在电脑端下载并安装 DEV C 软件，同时在手机端下载 C 语言编译 App。

学习单元三　任务书					
小组序号和名称		组内角色			
小组成员					
准备任务					
1. 完成上个学习单元的任务书					
2. 完成上个学习单元的作业					
3. 完成上个学习单元的4F周记					
实践任务					
概念或原理	根据量表自评	编程技能		任务类型	根据量表自评
1. 库函数		1. 自我介绍函数版		任务呈现	
2. 用户函数的优点		2. 两个数求和函数版		任务呈现	
3. 单元化编程		3. 根据 BMI 给出健康建议函数版		任务呈现	
4. 函数定义		4. 输入一个数函数版		任务呈现	
5. 函数头和函数体		5. 求两个数中的较大者函数版		任务示范	
6. 函数名和参数列表		6. 判断成绩等级函数版		任务示范	
7. 函数类型		7. 超市找零的三种情况		任务示范	
8. 函数语句		8. 三角函数计算器		任务示范	
9. 返回语句		9. 计算 $a/(b-c)$		任务示范	
10. 函数声明		10. 计算 n 的阶乘		任务示范	
11. 函数调用		11. 汉诺塔游戏的编程求解		任务示范	
12. 形式参数		12. 实现六种运算的计算器		补全任务	
13. 实际参数		13. 求三个数中的最大者函数版		补全任务	
14. 函数的嵌套		14. 求斐波那契数列第 n 项		补全任务	

概念或原理	根据量表自评	编程技能	任务类型	根据量表自评
15. 函数的递归		15. 超市找零票面及票数计算程序	补全任务	
16. 内部变量		16. 计算三角形的面积或周长	完整任务	
17. 外部变量		17. 月份信息的英文显示	完整任务	
18. 外部声明 extern		18. 超市找零数据核对	完整任务	
19. 静态变量 static		19. 自我介绍＋一周课表＋一周食谱等	开放任务	

编程过程中遇到的故障记录

总结专业英文词汇

概念关系图

3.4 评价量表

	完全掌握—A	基本掌握—B	没有掌握—C
知识点评分量规	能画出每个知识点的思维导图； 能找出相关知识点之间的关系； 能正确完成专项训练并且说明理由； 错误程序都能修改正确	能画出每个知识点的思维导图； 对知识点之间的关系不太清楚； 专项训练少量题目不会做	对知识点内容不太熟悉； 专项训练作业只会做一小部分； 不清楚知识点之间的关系
	完全掌握—A	基本掌握—B	没有掌握—C
程序技能评分量规	能独立写出程序，理解每一行代码的含义； 能正确画出程序流程图； 能正确填写变量表； 程序结构很清晰； 程序有必要的注释	在同学或老师的帮助下： 能正确编写程序，基本可以看懂程序； 能正确画出程序流程图； 能正确填写变量表； 程序结构较清晰； 程序有少部分注释	看不懂程序，也没有主动寻求帮助； 程序结构不清晰； 程序没有注释

3.5 小组分工

班级		组号		指导老师	
组长		学号			
组员分工	任务分工		姓名		学号
	绘制知识点思维导图				
	绘制程序框图				
	编写程序				
	记录调试故障				
	记录专业英语词汇				
	制作学习过程视频				
	分享小组学习成果				

3.6　学习过程

3.6.1　任务呈现

1.【案例1】　自我介绍(函数版)

```c
1  #include<stdio.h>
2  void introduce(void);
3  int main()
4  {
5      introduce();
6      return 0;
7  }
8  void introduce(void)
9  {
10     printf("================================\n");
11     printf("||   我是自动化20301班XXX        ||\n");
12     printf("||   很开心认识大家，想了解我吗？||\n");
13     printf("||   1.显示我的家乡和爱好        ||\n");
14     printf("||   2.显示我的寝室和室友        ||\n");
15     printf("||   3.显示一周的课表            ||\n");
16     printf("================================\n");
17     printf("||   请输入您的选择：            ||\n");
18  }
19
```

案例1
程序讲解视频

扫码观看案例1程序讲解视频,填写任务单1。

任务单1:

1. 程序运行结果:

2. 观察第2行、第5行和第8行,它们有什么异同?

3. 写出程序中用到的主函数名、库函数名和用户函数名。

4. 思考一下函数声明是哪几行、函数调用是哪几行。

2.【案例 2】 两个数求和函数版

```
1  #include<stdio.h>
2  float sum(float x,float y);
3  int main()
4  {
5      float x,y;
6      printf("请输入两个数（用逗号隔开）:");
7      scanf("%f,%f",&x,&y);
8      printf("x+y=%f",sum(x,y));
9  }
10 float sum(float x,float y)
11 {
12     float z;
13     z=x+y;
14     return z;
15 }
```

案例 2
程序讲解视频

扫码观看案例 2 程序讲解视频，填写任务单 2。

任务单 2：

1. 程序运行结果：

2. 观察第 2 行、第 8 行和第 10 行，它们有什么异同？

3. 写出程序中用到的主函数名、库函数名和用户函数名。

4. 思考一下函数声明是哪几行、函数调用是哪几行。

3.【案例 3】　根据 BMI 给出健康建议(函数版)

```
1   #include<stdio.h>
2   void heal_sugg(float x,float y);
3   int main()
4   {
5       float height,weight,bmi;
6       printf("请输入你的身高（单位：米）height=");
7       scanf("%f",&height) ;
8       printf("请输入你的体重（单位：千克）weight=");
9       scanf("%f",&weight) ;
10      heal_sugg(height,weight);
11      return 0;
12  }
13  void heal_sugg(float x,float y)
14  {
15      float bmi;
16      bmi=y/(x*x);
17      printf("你的BMI指数是%f\n",bmi);
18      if(bmi>28) printf("体型肥胖，管住嘴迈开腿");
19      if(bmi>=24&&bmi<28) printf("体型偏胖，要加强运动");
20      if(bmi>=18.5&&bmi<24) printf("体重正常，请继续保持");
21      if(bmi<18.5) printf("体重过轻，请注意营养");
22  }
```

分析案例 3 程序，填写任务单 3。

任务单 3：

---

1. 程序运行结果：

---

2. 观察第 2 行、第 10 行和第 13 行，它们有什么异同？

---

3. 写出程序中用到的主函数名、库函数名和用户函数名。

---

4. 思考一下函数声明是哪几行、函数调用是哪几行。

---

4. 【案例4】 输入一个数(函数版)

```
1   #include<stdio.h>
2   int get_number(void);
3   int main()
4   {
5       int m;
6       m=get_number( );
7       printf("this number is %d",m);
8       return 0;
9   }
10  int get_number()
11  {
12      int number;
13      printf("please input a number:");
14      scanf("%d",&number);
15      return number;
16  }
```

运行此程序,填写任务单4。

任务单4:

---

1. 程序运行结果:

---

2. 观察第2行、第10行和第12行,它们有什么异同?

---

3. 写出程序中用到的主函数名、库函数名和用户函数名。

---

4. 思考一下函数声明是哪几行,函数调用是哪几行。

对比案例1～案例4,填写任务单5,初步了解与函数相关的概念。

任务单5：

相关概念	案例1	案例2	案例3	案例4
用户函数功能	自我介绍			
用户函数名	introduce()			
函数声明	第2行			
函数调用	第5行			
函数声明	第8~18行			
形式参数	无			
实际参数	无			
返回值	无			
函数类型	不带参数,无返回值			

5. 本单元程序结构

本单元的程序是在单元二程序的基础上,进行单元化处理,通过主程序调用用户函数的方式实现所需功能。这样处理后,主程序只需调用用户函数,结构清晰,简单明了,而代码细节则在用户函数中实现,用户函数之间可互相调用。根据实际情况可能有参数的传递,也可能有返回值,重点是要分析清楚用户函数的功能,以及函数之间的通信。本单元的程序结构如图3-1所示。

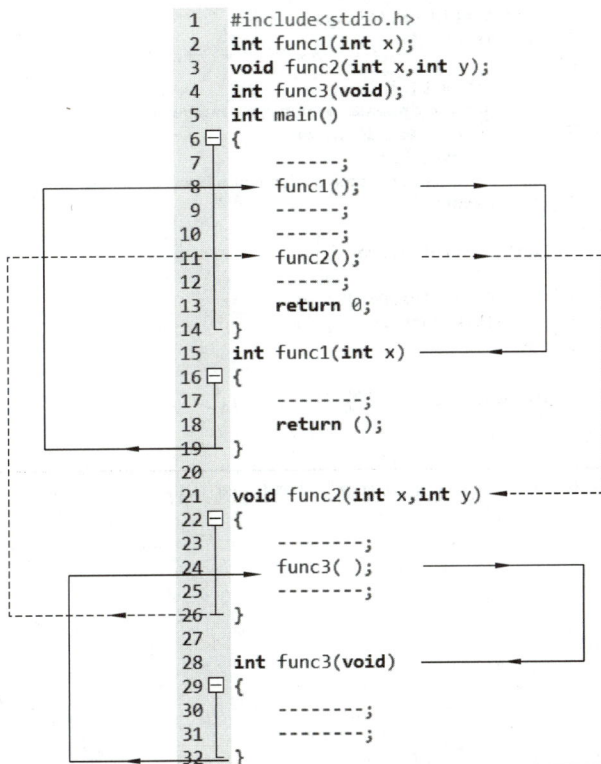

图 3-1　本单元的程序结构

6. 模块化程序设计特点

模块化程序设计是应用于软件系统设计与开发的一种策略,该策略可以把大型程序组织成小而独立的程序段(即模块),它们单独命名,是单个的可调用的程序模块。模块经过标识和设计后,可以组织成一种自顶向下的分层结构,如图3-2所示。在C语言中,每个模块就是一个函数,负责完成单个任务。

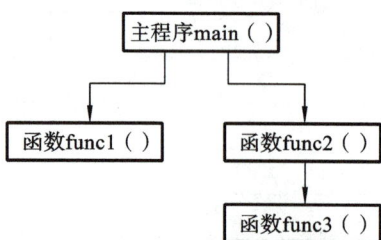

图3-2 模块分层结构

模块化程序设计有以下特征:

(1)每个模块只做一件事情。

(2)模块之间的通信只允许通过调用模块来实现。

(3)某个模块只能被更高一级的模块调用。

(4)如果不存在调用与被调用关系,模块之间就不能直接通信。

(5)所有模块都是使用控制结构设计成单一入口、单一出口的系统。

3.6.2 任务示范

1.【案例5】 求两个数中的较大者(函数版)

```c
#include <stdio.h>
int max(int x,int y);
int main()
{
    int a,b,c;
    printf("please input two numbers:");
    scanf("%d,%d",&a,&b);
    c=max(a,b);
    printf("the max of the two is: %d\n",c) ;
    return 0;
}
int max(int x,int y)
{
    if(x>y){return x; }
    else{ return y; }
}
```

案例5
程序讲解视频

扫码观看案例5程序讲解视频,填写任务单6。

任务单6:

1. 观察主程序,说说程序输入、程序处理和程序输出分别是哪几行。

2. 分析程序,将相应代码和行数位置填入下表。

概念	位置和详情	概念		详情
函数声明			函数名	
函数调用		函数头	函数类型	
函数定义			参数列表	
形式参数			局部变量声明	
实际参数		函数体	函数语句	
函数类型			返回值	

3. 可以将用户函数体(第 13～16 行)修改如下,你发现有什么异同？哪种更符合单一出口？重新填写上表函数体对应的三项代码。

```
12   int max(int x,int y)
13   { int z;
14       if(x>y){z=x; }
15       else{ z=y; }
16       return z;
17   }
```

【概念规则】　自定义函数/用户函数的四要素

自定义函数/用户函数的四要素如图 3-3 所示。

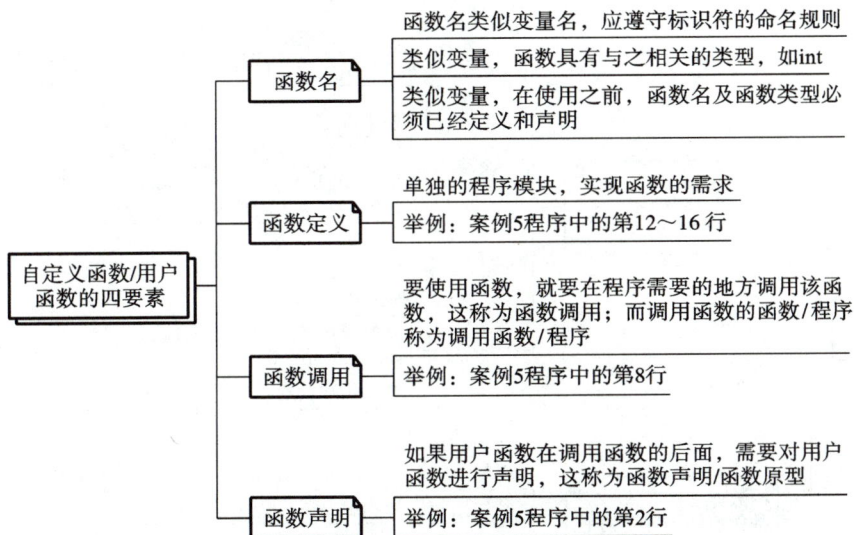

图 3-3　自定义函数/用户函数的四要素

【专项训练】　任务单 7 中的函数调用非法吗？为什么？填写任务单 7。

任务单7：

程序	分析程序是否有故障，并说明原因
| ```c
1  #include<stdio.h>
2  int main()
3  {
4      float x,y;
5      printf("请输入两个数（逗号隔开）:");
6      scanf("%f,%f",&x,&y);
7      printf("x+y=%f",sum(x,y));
8  }
9  float sum(float x,float y)
10 {
11     float z;
12     z=x+y;
13     return z;
14 }
``` | 左侧程序有故障吗？为什么？ |
| ```c
1  #include<stdio.h>
2  float sum(float x,float y)
3  {
4      float z;
5      z=x+y;
6      return z;
7  }
8  int main()
9  {
10     float x,y;
11     printf("请输入两个数（逗号隔开）:");
12     scanf("%f,%f",&x,&y);
13     printf("x+y=%f",sum(x,y));
14 }
``` | 左侧程序有故障吗？为什么？ |

【概念规则】 函数定义的要素

函数定义的要素如图 3-4 所示。

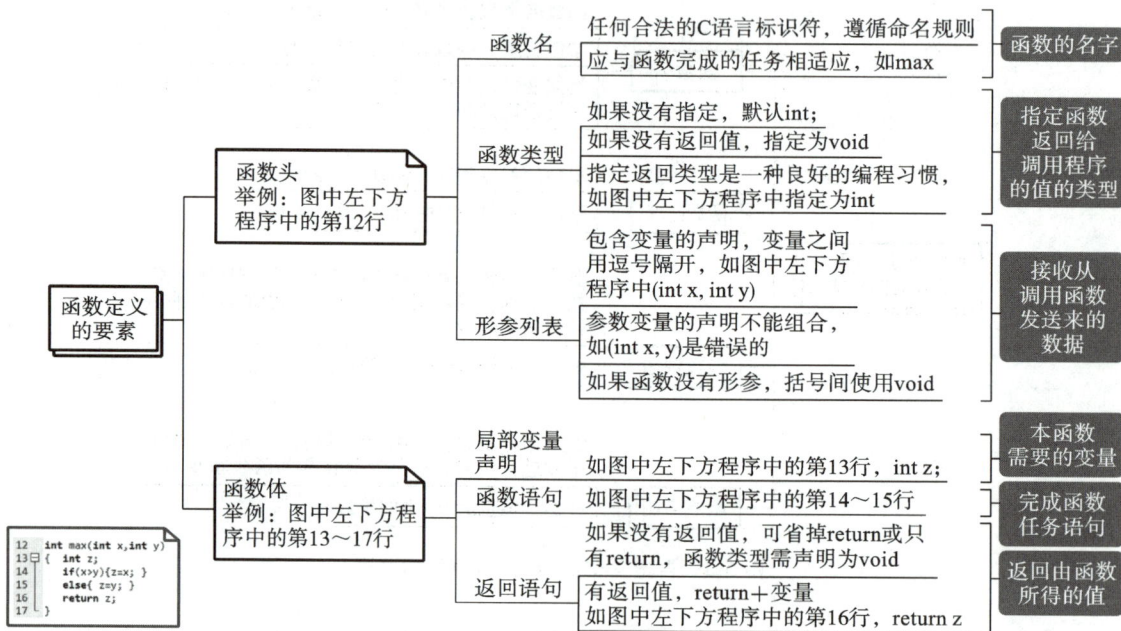

图 3-4　函数定义的要素

【专项训练】　指出下面函数定义中的错误（如果有），填写任务单8。

任务单8：

程序	分析函数定义中的错误
| ```c
1  void abc(int a,int b)
2  {
3      int c;
4      ...
5      return (c);
6  }
``` | |
| ```c
8   int abc(int a,int b)
9   {
10      int c;
11      ...
12      ...
13  }
``` | |
| ```c
15  int abc(int a,int b)
16  {
17      double c=a+b;
18      ...
19      return (c);
20  }
``` | |
| ```c
22  void abc(void)
23  {
24      ...;
25      ...
26      return ;
27  }
``` | |
| ```c
29  int abc(void)
30  {
31      ...;
32      ...
33      return ;
34  }
``` | |

下面哪些函数声明是非法的？为什么？

1. int(fun)void;	
2. double fun(void);	
3. float fun(x,y,n);	
```

4. void fun(void,void);	
5. fun(int,float,char);	
6. void fun(void);	
7. int fun(int a,b);	

2.【案例6】 判断成绩等级（函数版）

```
1   #include <stdio.h>
2   int get_number();
3   char grade(int x);
4   int main()
5   {
6   ag: int score=get_number();
7       if(score>100||score<0){
8           printf("请重新输入!\n");
9           }
10      else{
11          printf(" your grade is %c\n", grade(score));
12          }
13      goto ag;
14      return 0;
15  }
16
17  int get_number()
18  {
19      int number;
20      printf("please input a number:");
21      scanf("%d",&number);
22      return number;
23  }
24
25  char grade(int x)
26  {
27      int score;
28      char grade;
29      score=x/10;
30      switch(score){
31          case 10:
32          case 9:  grade='A';break;
33          case 8:  grade='B';break;
34          case 7:  grade='C';break;
35          case 6:  grade='D';break;
36          default: grade='E';
37          }
38      return grade;
39  }
```

案例 6
程序讲解视频

扫码观看案例 6 程序讲解视频，填写任务单 9。

任务单 9：

1. 观察主程序，说说程序输入、程序处理和程序输出分别是哪几行。

2. 分析程序,将相应代码和行数位置填入下表。

概念	位置和详情		概念	详情
函数声明			函数名	
函数调用		函数头	函数类型	
函数定义			参数列表	
形式参数			局部变量声明	
实际参数		函数体	函数语句	
函数类型			返回值	

3. 分析下列三个函数的输入和输出,选择对应选项填入,画图说明函数之间是如何通信的。

A. 无　B. 0　C. 第 6 行 score　D. number　E. x　F. grade

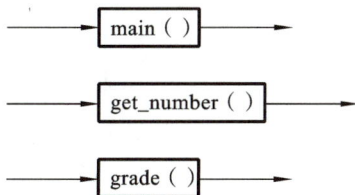

4. 第 6 行和第 27 行都定义了变量 score,这两个变量的值一样吗?它们之间有什么关系?

【概念规则】　局部变量和全局变量

局部变量是在某个函数中声明的变量,只能在函数中使用,它有如下特性:

(1) 在调用函数时创建变量,函数退出时自动销毁,又称自动变量、内部变量;

(2) 可以用关键字 auto 来显式地声明自动变量,如果没有指定默认是自动变量;

(3) 同一个程序的不同函数中声明相同名称的变量,不会互相影响。比如案例 6 程序中的第 6 行和第 27 行都声明了 score 变量,它们是局部变量,不会互相影响。

全局变量是在整个程序中都存在并且活动的变量,又称为外部变量,它有如下特性:

(1) 可以被程序中的所有函数调用;

(2) 外部变量需要在函数的外面进行声明;

(3) 全局变量的作用范围是,从全局变量的声明之处开始,到程序的末尾结束。

注意:如果局部变量和全局变量同名,在声明局部变量的函数中,局部变量具有比全局变量更高的优先级。

【专项训练】 根据全局变量和局部变量的特点,填写任务单10。

任务单10:

程序1:

```
1    /*===通过分析m的输出说明内部变量======*/
2    /*===内部变量=局部变量=自动变量======*/
3    #include<stdio.h>
4    void fun1(void);
5    void fun2(void);
6    int main()
7    {
8        int m=1000;
9        fun2();
10       printf("m1=%d\n",m);        //第三次输出
11   }
12   void fun1(void)
13   {
14       int m=10;
15       printf("m2=%d\n",m);        //第一次输出
16   }
17
18   void fun2(void)
19   {
20       int m=100;
21       fun1();
22       printf("m3=%d\n",m);        //第二次输出
23   }
```

【思考】

分析程序的输出结果:

程序2:

```
4    int fun1(void);
5    int fun2(void);
6    int fun3(void);
7    int x;               //全局变量 i
8    int main()
9    {
10       x=10;
11       printf("%d\n",x);
12       printf("%d\n",fun1());
13       printf("%d\n",fun2());
14       printf("%d\n",fun3());
15       return 0;
16   }
17   int fun1(void)
18   {
19       x=x+10;
20   }
21
22   int fun2(void)
23   {
24       int x=1;
25       return x;
26   }
27   int fun3(void)
28   {
29       x=x+10;
30   }
```

【思考】

1. 哪些 x 是全局变量? 哪些 x 是局部变量?

程序3:

```
1    main()
2    {
3        y=5;
4    }
5    int y;
6    func1()
7    {
8        y=y+1;
9    }
```

【思考】

分析程序3中出现的故障。

2. 程序的输出结果是:

3. 将第 10 行改为"int x = 10;",输出结果为:

【概念规则】　extern 关键字

在任务单 10 的程序 3 中,main()函数不能访问变量 y,因为 y 是在 main()函数的后面声明的。通过使用存储类型 extern 来声明变量,就可以解决这个问题,可以将第 3 行改为"extern int y;",这样尽管变量 y 声明在两个函数之后,但函数中 y 的外部声明语句告诉编译器,y 是一个整数,是在程序的其他地方声明的。注意:extern 声明语句并不会给变量分配存储空间,只是为函数提供变量的类型信息。

指定了函数参数和函数体,也就定义了函数。这就相当于告诉编译器,为函数代码分配了存储空间,为参数提供了类型信息。由于默认情况下,函数是外部的,因此声明函数时不需要加修饰符 extern。也就是说,声明语句:

```
void fun1(void);
```

等价于:

```
extern void fun1(void);
```

【概念规则】　static 关键字

使用关键字 static 可以将变量声明为静态的,静态变量的值可以一直保持到程序结束。根据声明的位置不同,静态变量分为内部静态变量和外部静态变量。在本书中,程序基本都在一个文件中,因此主要讨论内部静态变量。

内部静态变量可用于在函数调用之间保持值,静态变量只在程序编译时初始化一次,以后不再进行初始化。比较下面两个程序:

程序 1	程序 2
| ```
1  void stat (void);
2  #include<stdio.h>
3  int main()
4  {
5      stat();
6      stat();
7      stat();
8  }
9
10 void stat (void)
11 {
12     static int x=0;  //只初始化一次
13     x=x+1;
14     printf("x=%d\n",x);
15 }
``` | ```
1  void stat (void);
2  #include<stdio.h>
3  int main()
4  {
5      stat();
6      stat();
7      stat();
8  }
9
10 void stat (void)
11 {
12     //static int x=0;  //只初始化一次
13     int x=0;
14     x=x+1;
15     printf("x=%d\n",x);
16 }
``` |
| 输出:
x=1
x=2
x=3 | 输出:
x=1
x=1
x=1 |

3.【案例7】 超市找零的三种情况

```c
1   #include<stdio.h>
2   float zj,fk;
3   void shuru(void);
4   int zhaol(void) ;
5   void shuchu_3(int);
6   int main()
7   {
8   ag: int yu;
9       shuru();
10      yu=zhaol();
11      shuchu_3(yu);
12      goto ag;
13      return 0;
14  }
15
16  void shuru(void)
17  {   printf("商品总价:");
18      scanf("%f",&zj);
19      zj=zj*0.8;
20      printf("打折后商品总价为%.2f\n",zj);
21      printf("支付金额:");
22      scanf("%f",&fk);
23  }
```

```c
24
25  int zhaol(void)
26  {
27      float zl;
28      int x;
29      zl=fk-zj;
30      if(zl<0){
31          x=-1;
32          }
33      else if(zl==0){
34          x=0;
35          }
36      else{
37          x=1;
38          }
39      return x;
40  }
41
42  void shuchu_3(int x)
43  {
44      if(x==-1){
45          printf("您好，付款金额不足\n");
46          printf("还差%.2f元\n\n",zj-fk); }
47      else if(x==0){
48          printf("不需找零，欢迎下次光临\n\n");}
49      else{
50          printf("应找:");
51          printf("%.2f元\n\n",fk-zj);}
52  }
```

案例 7
程序讲解视频

扫码观看案例 7 程序讲解视频，填写任务单 11。

任务单 11：

1. 观察主程序，说说程序输入、程序处理和程序输出分别是哪几行。

2. 分析程序，将子函数 shuru()、zhaol()和 shuchu_3()相应代码和行数位置填入下表。

概念	位置和详情		概念	详情
函数声明		函数头	函数名	
函数调用			函数类型	
函数定义			参数列表	
形式参数		函数体	局部变量声明	
实际参数			函数语句	
函数类型			返回值	

3. 分析下列四个函数的输入和输出,选择对应选项填入,画图说明函数之间是如何通信的。

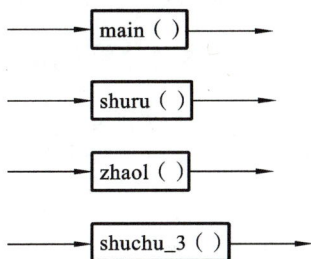

```
───────→ ┌───────────┐ ───────→
          │  main（ ）  │
         └───────────┘

───────→ ┌───────────┐ ───────→
          │ shuru（ ） │
         └───────────┘

───────→ ┌───────────┐ ───────→
          │ zhaol（ ） │
         └───────────┘

───────→ ┌─────────────┐ ───────→
          │ shuchu_3（ ）│
         └─────────────┘
```

4. 第 2 行的作用是什么? 本程序为什么需要定义两个全局变量,可以用局部变量吗?

4.【案例 8】　三角函数计算器

```
1   #include<stdio.h>
2   #include<math.h>
3   #define PI 3.1415926
4   int num();
5   void cal_sanjiao(int x);
6   int main()
7   {
8       int y;
9       y=num();
10      cal_sanjiao(y);
11      return 0;
12  }
13
14  int num()
15  {
16      int number;
17      printf("请输入角度值: ");
18      scanf("%d",&number);
19      return number;
20  }
21
22  void cal_sanjiao(int x)
23  {
24      char c;
25      float jiaod=x*PI/180;
26      printf("请输入要计算的三角函数类型:");
27      getchar();
28      scanf("%c",&c);
29      switch(c){
30          case 's':
31          case 'S': printf("sin%d° =%f",x,sin(jiaod));break;
32          case 'c':
33          case 'C': printf("cos%d° =%f",x,cos(jiaod));break;
34          case 't':
35          case 'T': printf("tan%d° =%f",x,tan(jiaod));break;
36
37      }
38  }
```

案例 8
程序讲解视频

扫码观看案例 8 程序讲解视频,填写任务单 12。

任务单 12:

1. 观察主程序,说说程序输入、程序处理和程序输出分别是哪几行。

2. 分析程序,将子函数 num()和 cal_sanjiao()相应代码和行数位置填入下表。

概念	位置和详情	概念		详情
函数声明		函数头	函数名	
函数调用			函数类型	
函数定义			参数列表	
形式参数		函数体	局部变量声明	
实际参数			函数语句	
函数类型			返回值	

3. 分析下列四个函数的输入和输出,选择对应选项填入,画图说明函数之间是如何通信的。

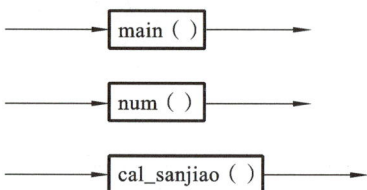

```
→ main ( ) →

→ num ( ) →

→ cal_sanjiao ( ) →
```

4. 分析第 1～5 行的作用是什么? 总结一下预处理部分可以说明哪些内容。

5. 第 27 行的作用是什么? 如果没有此行,会出现什么问题,说明原因。

【概念规则】 getchar()函数

关于输入函数,前面学习过 scanf(),它可以读取多个数据,读取的可以是数字也可以是字母,而 getchar()函数只能读取单个字符,如果想读取多个字符就要用到 gets()函数,这个会在后面字符串数组中介绍。

getchar()函数的返回类型为 int,参数为 void。getchar()函数是读取单个字符,为什么返回类型是 int 呢? 这是因为:

(1) getchar()其实返回的是字符的 ASCII 码值(整数)。

(2) getchar()在读取结束或读取失败的时候,会返回 EOF,即 end of file,本质上是－1。

在案例 8 中,大家发现在读取字符的时候如果少了第 27 行,就会出现问题,这是为什么呢? 这就需要了解函数的原理。在输入函数中包含了 scanf()和 getchar()函数,它们都可以读取用户输入的数据,但是它们不是直接从键盘上来读取数据,它们和键盘之间有一个区域叫缓冲区。输入函数会先看缓冲区是否有数据，如果有，它就直接被读取了，不需要从键盘输入；如果缓冲区什么都没有，就需要从键盘输入，再读取，如图 3-5 所示。

在案例 8 程序开始运行之前，缓冲区里什么都没有，但是当程序运行后，在第一个函数 num()里，使用 scanf()函数输入一个数，为了让这个数进入缓冲区，我们其实在不知不觉中输入了"\n"，假如输入的数是 30，最终在缓冲区里出现的是 30\n，如图 3-6 所示。

在案例 8 主程序的第 9 行，会读取缓冲区的 30 赋给变量 y，此时缓冲区里还剩下\n。当程序运行到第 28 行的时候，不管输入什么字符（假如输入 s），这个字符始终在\n 的后面，所以实际读入的字符就是\n，如图 3-7 所示。

图 3-5　输入函数通过缓冲区读取数据

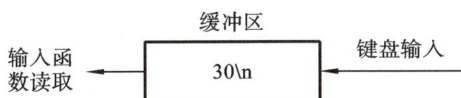

图 3-6　输入函数从缓冲区读取"30\n"

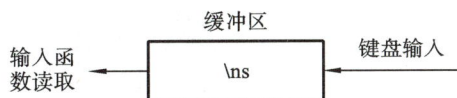

图 3-7　输入函数从缓冲区读取"\ns"

因此需要在第 28 行输入之前，先通过 getchar()清除掉缓冲区的\n，才能读取输入的数据。这就是 getchar 的另一个用法，将缓冲区里面的\n 清除掉。

【专项训练】　根据 getchar()函数的特点，填写任务单 13。

任务单 13：

程序	输出结果分析
| ```
1  #include<stdio.h>
2  int main()
3  {
4      char a,b,c;
5      scanf("%c%c",&a,&b);
6      c=getchar();
7      printf("a=%c,b=%c,c=%c\n",a,b,c);
8      printf("a=%c,b=%c,c=%d",a,b,c);
9  }
``` | （1）如果键盘输入：efg 回车<br><br>（2）如果键盘输入：ef 回车 |
| ```
1  #include<stdio.h>
2  int main()
3  {
4      char a,b,c;
5      scanf("%c,%c",&a,&b);
6      c=getchar();
7      printf("a=%c,b=%c,c=%c\n",a,b,c);
8      printf("a=%c,b=%d,c=%d",a,b,c);
9  }
``` | （1）如果键盘输入：e,fg 回车<br><br>（2）如果键盘输入：3,45 回车<br><br>（3）如果键盘输入：y,z 回车 |

5.【案例 9】 计算 a/(b−c)

```
1    #include<stdio.h>
2    float ratio(int x,int y,int z);
3    int differece(int x,int y);
4    int main()
5    {
6        int a,b,c;
7        printf("请输入a,b,c:");
8        scanf("%d,%d,%d",&a,&b,&c);
9        printf("a/(b-c)=%f\n",ratio(a,b,c));
10       return 0;
11   }
12
13   int difference(int p,int q)
14   {
15       if(p!=q) return (1);
16       else return (0);
17   }
18   float ratio(int x,int y,int z)
19   {
20       if(difference(y,z))
21           return (x/(y-z));
22       else
23           return (0.0);
24   }
```

分析案例 9 程序,填写任务单 14。

任务单 14:

1. 观察主程序,说说程序输入、程序处理和程序输出分别是哪几行。

2. 分析程序,将子函数 ratio()和 difference()相应代码和行数位置填入下表。

概念	位置和详情	概念		详情
函数声明			函数名	
函数调用		函数头	函数类型	
函数定义			参数列表	
形式参数			局部变量声明	
实际参数		函数体	函数语句	
函数类型			返回值	

3. 程序的功能是什么?

【概念规则】　函数的嵌套

函数嵌套,就是在函数中调用函数,C 语言允许自由地进行函数嵌套。main 函数可以调用 func1,func1 再调用 func2,而 func2 又可以调用 func3 等。在有调用函数时,就跳转到函数定义的函数体中运行,运行结束再返回上一级函数。也可以进行函数递归的调用,也就是函数调用自己,例如:

```
p=mul(mul(5,2),10);
```

这表示进行两次函数的调用。首先进行的是内部函数调用,并把返回值作为外部函数的实参再次进行函数调用。如果 mul 函数返回的是其参数的乘积,那么 p 的值就是 100。

【专项训练】　分析下列程序的输出结果,填写任务单 15。

任务单 15:

程序	输出结果分析

``c
#include<stdio.h>
int prod(int m,int n);
int main()
{
    int x=10;
    int y=20;
    int p,q;
    p= prod(x,y);
    q= prod(p,prod(x,y));
    printf("p=%d,q=%d",p,q);
    return 0;
}
int prod(int a,int b)
{
    return (a*b);
}
``	

``c
#include<stdio.h>
double divide(float x,float y);
int main()
{
 	
    printf("%f\n",divide(10,2));
    printf("%f\n",divide(9,2));
    printf("%f\n",divide(4.5,1.5));
 	
}
 	
double divide(float x,float y)
{
    return (x/y);
}
``	

程序	输出结果分析
| ```
1   #include<stdio.h>
2   int divide(int x,int y);
3   int main()
4   {
5
6       printf("%d\n",divide(10,2));
7       printf("%d\n",divide(9,2));
8       printf("%d\n",divide(4.5,1.5));
9       printf("%d\n",divide(2.0,3.0));
10
11  }
12
13  int divide(int x,int y)
14  {
15      return (x/y);
16  }
``` |  |

指出下面函数调用中的错误	
void xyz();	
xyz(void);	
xyz(int x,int y);	

6.【案例 10】 计算 *n* 的阶乘

```
1   #include<stdio.h>
2   int factorial(int n);
3   int main()
4   {
5       int n;
6       printf("请输入阶乘的最大数");
7       scanf("%d",&n) ;
8       printf("1*2*...*%d=%d",n,factorial(n));
9       return 0;
10  }
11
12  int factorial(int n)
13  {
14      int fact;
15      if(n==1) fact=1;
16      else fact=n*factorial(n-1);
17      return fact;
18  }
```

案例 10
程序讲解视频

扫码观看案例 10 程序讲解视频,填写任务单 16。

任务单 16:

1. 观察主程序,说说程序输入、程序处理和程序输出分别是哪几行。
```

2. 分析程序,将子函数 factorial()相应代码和行数位置填入下表。

概念	位置和详情	概念		详情
函数声明			函数名	
函数调用		函数头	函数类型	
函数定义			参数列表	
形式参数			局部变量声明	
实际参数		函数体	函数语句	
函数类型			返回值	

3. 程序的功能是什么?

【概念规则】　函数的递归

当一个被调用函数再去调用另外一个函数时,就形成了调用函数"链"。递归就是这种过程的特殊情况,递归指的是函数调用自身。如果问题的求解方法可以连续用于求解问题的子集,使用递归会有很好的效率。

编写递归函数时,必须在某处使用 if 语句,强制函数停止递归调用,否则函数将永远不会返回,无限运行下去,比如下面的程序:

```
1  #include<stdio.h>
2  int main()
3  {
4      printf("this is an example of infinite recursion!\n");
5      main();
6      return 0;
7  }
```

7.【案例 11】　汉诺塔游戏的编程求解

如图 3-8 所示,在一块板上有 a、b、c 共 3 根金刚石针,a 号针上放着由小到大的 64 个金盘(中间有小孔),现要求将 64 个金盘由 a 号针移到 c 号针,每次只能移动一个且不能大盘压在小盘上,b 号针可临时存放金盘,金盘只能在移动过程中离开金刚石针,要求用 C 语言输出其移动步骤。

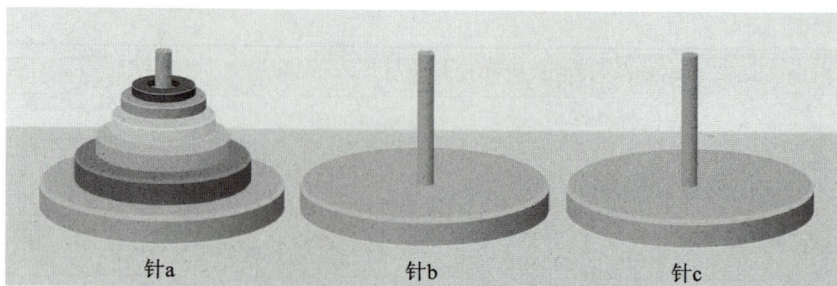

图 3-8　汉诺塔游戏

```c
1   #include <stdio.h>
2   int m = 0;
3   void HanNuoTa(int n, char a,char b, char c)
4   {
5       if(1 == n){
6           printf("将%d号盘子从%c移到%c：", n, a, c);
7           ++m;
8       }
9       else{
10          HanNuoTa(n-1, a, c, b);
11          printf("将%d号盘子从%c移到%c：", n, a, c);
12          ++m;
13          if(m%3==0)printf("\n");
14          HanNuoTa(n-1, b, a, c);
15      }
16  }
17  int main(void)
18  {
19      char a = 'a';char b = 'b';
20      char c = 'c';int n;
21      printf("请输入要移动盘子的个数：");
22      scanf("%d", &n);
23      HanNuoTa(n, a, b, c);
24      printf("一共挪动 %d 次\n", m);
25      return 0;
26  }
```

案例 11
程序讲解视频

【分析】

为将 n 个金盘由针 a 移到针 c,可将 n−1 个金盘从针 a 移到针 b(针 c 作缓冲),再将针 a 余下的一个金盘移到针 c,最后将针 b 上 n−1 个金盘移到针 c(针 a 作缓冲),这样就将 n 个金盘的移动转化为 2 次 n−1 个金盘的移动。重复上述过程,金盘数目每次减 1,直到完成为止。经过计算,如果移动 64 个金盘,需要 $2^{64}-1$ 次,假设用超级计算机每秒移动 1 亿次,大约需要 5850 年,用人工来完成已无可能。

扫码观看案例 11 程序讲解视频,填写任务单 17。

任务单 17:

---

1. 写下子程序原型,说明每个参数的含义。

2. 下面有四张图,第一张图是初始状态,研读程序,分析后面每张图对应的程序代码,并解释含义。

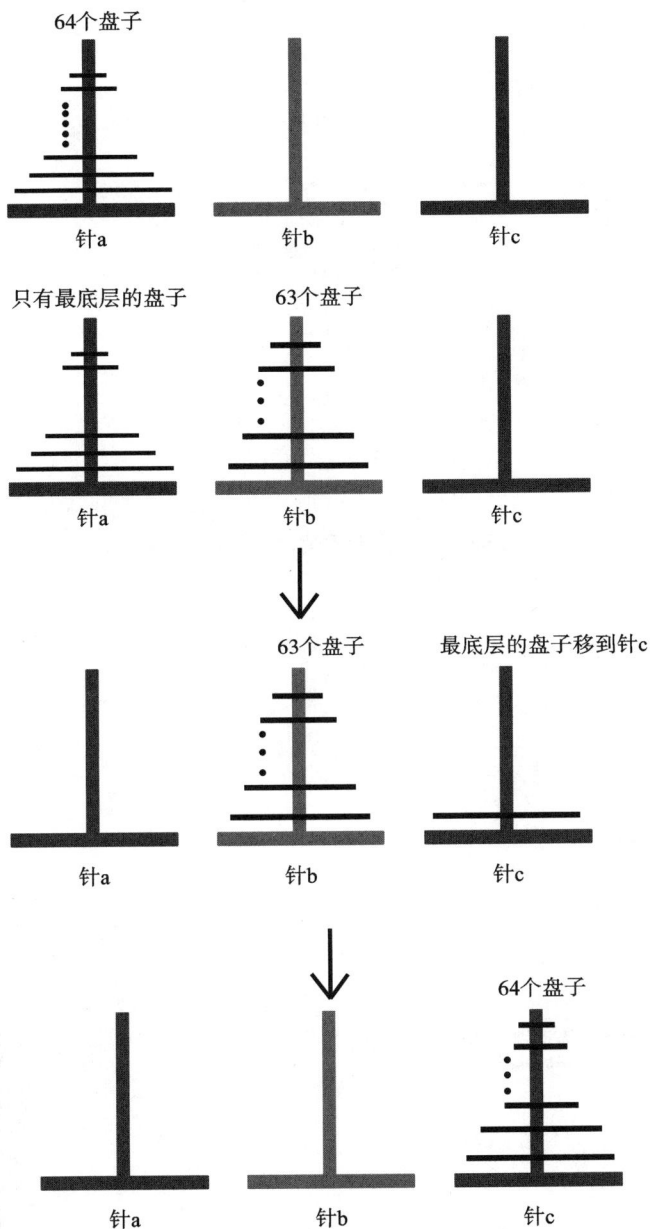

64个盘子

针a　　针b　　针c

只有最底层的盘子　63个盘子

针a　　针b　　针c

63个盘子　最底层的盘子移到针c

针a　　针b　　针c

64个盘子

针a　　针b　　针c

第二张图片对应的程序段:

第三张图片对应的程序段:

第四张图片对应的程序段:

续表

3. 下面这个程序也可以实现相同功能，画出移动示意图。

```
1  #include<stdio.h>
2  char kk=0;
3  void move(int n,char z1,char z3,char z2)
4  {
5      if(n==1){
6          printf("将%d号盘子从%d移到%d,",n,z1,z3); kk++;
7      }
8      else{
9          move(n-1,z1,z2,z3);
10         printf("将%d号盘子从%d移到%d,",n,z1,z3);
11         ++kk;
12         if(kk%3==0){ printf("\n");}
13         move(n-1,z2,z3,z1);
14     }
15 }
16 main()
17 {   int n;
18     while(1){
19         printf("\ninput n:\n");
20         scanf("%d",&n);
21         move(n,1,3,2);
22         printf("一共挪动 %d 次\n", kk);
23     }
24 }
```

说明 move(int n,char z1,char z2,char z3)每个参数的功能，再说说两个程序的不同之处。

3.6.3　补全任务

1.【案例12】　实现六种运算的计算器

案例 12
程序讲解视频

不完整程序：

```
1  #include<stdio.h>
2  #include<math.h>
3                                    //补全代码
4  main()
5  {   int a,b;
6      char c;
7  ag: printf("请输入表达式: ");
8      scanf("%d%c%d",&a,&c,&b);
9                                    //补全代码
10     goto ag;
11 }
12 void cal(int a,char c,int b)
13 {
14     float result;
15     int x;
16     switch(c){
17     case '+': x=1;result=a+b;break;
18     case '-': x=1;result=a-b;break;
19     case '*': x=1;result=a*b;break;
20     case '/': {if(b!=0){x=1;result=a*1.0/b; break;}
21                else {x=0;break;}}
22     case '%': x=1;result=a%b;break;
23     case '^': x=1;result=pow(a,b); break;          // 乘方
24     default: {x=0;}
25     }
26     if(x==1) printf("%d%c%d=%.2f\n",a,c,b,result);
27     else printf("input error!\n");
28
29 }
30
```

程序输出结果：

```
请输入表达式：6+5
6+5=11.00
请输入表达式：6-5
6-5=1.00
请输入表达式：6*5
6*5=30.00
请输入表达式：6/5
6/5=1.20
请输入表达式：6/0
input error!
请输入表达式：6^2
6^2=36.00
请输入表达式：6%4
6%4=2.00
请输入表达式：6&7
input error!
```

该程序用函数调用的方式,实现一个计算器的六种运算:加、减、乘、除、取余和乘方。如果输入有误或运算符不对,会报警:input error! 请扫码观看案例 12 程序讲解视频,补全空缺行代码,填写任务单 18。

任务单 18:

1. 观察主程序,说说程序输入、程序处理和程序输出分别是哪几行。

2. 根据程序输出结果补全程序的第 3 行和第 9 行。

3. 分析程序,将子函数 cal()相应代码和行数位置填入下表。

概念	位置和详情	概念		. 详情
函数声明		函数头	函数名	
函数调用			函数类型	
函数定义			参数列表	
形式参数		函数体	局部变量声明	
实际参数			函数语句	
函数类型			返回值	

4. 第 15 行变量 x 的作用是什么?

5. 如果要将 cal()改为有返回值的函数,如何修改? 补全下列程序,并分析两个程序的差异。

```
1   #include<stdio.h>
2   #include<math.h>
3                                           //补全代码
4   int main()
5   {
6       int a,b;float result;
7       char op;
8   ag: printf("请输入表达式: ");
9       scanf("%d%c%d",&a,&op,&b);
10                                          //补全代码
11      printf("%d%c%d=%f\n",a,op,b,result);
12      goto ag;
13  }
14
15  float cal(float a,float b,char op)      // 完成5种
16  {   float y;
17      switch(op){                         // op=0;
18          case '+':                       //补全代码
19          case '-':                       //补全代码
20          case '*':                       //补全代码
21          case '/':                       //补全代码
22          case '^':                       //补全代码
23      }
24                                          //补全代码
25  }
```

2.【案例 13】 求三个数中的最大者函数版

不完整程序：

```
1   #include<stdio.h>
2                                          //补全代码
3   int main ()
4   {   int i,j,k;
5       printf("please input three number:");
6       scanf("%d,%d,%d",&i,&j,&k);
7       printf("the max num of 3 data is %d\n",        );//补全代码
8       return 0;
9   }
10
11  int max(int x,int y,int z)        // 求最大数子函数
12  {   int max;
13      max=x>y?x:y;
14                                          //补全代码
15      return(max);
16  }
```

程序输出结果：

```
please input three number:34,5,8
the max num of 3 data is 34
```

该程序用函数调用的方式，实现找出输入三个数的最大值。请补全空缺行代码，填写任务单 19。

任务单 19：

1. 观察主程序，说说程序输入、程序处理和程序输出分别是哪几行。

2. 根据程序输出结果补全程序的第 2 行、第 7 行和第 14 行。

3. 分析程序，将子函数 max()相应代码和行数位置填入下表。

概念	位置和详情	概念		详情
函数声明		函数头	函数名	
函数调用			函数类型	
函数定义			参数列表	
形式参数		函数体	局部变量声明	
实际参数			函数语句	
函数类型			返回值	

3.【案例 14】　求斐波那契数列第 *n* 项

不完整程序：

```
1    /*  1, 1, 2, 3, 5, 8, 13, ...*/
2    #include<stdio.h>
3                                      //补全程序
4    int main()
5    {
6        int n;
7        printf("你想显示斐波那契数列的第几项? ");
8        scanf("%d",&n) ;
9        printf("斐波那契数列第%d项是: %d\n",          );//补全程序
10       return 0;
11   }
12
13   int fibonacci(int n)
14   {
15       int fact;
16       if(n==1||n==2) fact=1;
17       else {
18                                     //补全程序
19       }
20       return fact;
21   }
```

程序输出结果：

你想显示斐波那契数列的第几项? 7
斐波那契数列第7项是: 13

该程序用函数调用的方式，实现输出斐波那契数列第 *n* 项。请补全空缺行代码，填写任务单 20。

任务单 20：

1. 观察主程序，说说程序输入、程序处理和程序输出分别是哪几行。

2. 根据程序输出结果补全程序的第 3 行、第 9 行和第 18 行。

3. 分析程序，将子函数 fibonacci() 相应代码和行数位置填入下表。

概念	位置和详情		概念	详情
函数声明			函数名	
函数调用		函数头	函数类型	
函数定义			参数列表	
形式参数			局部变量声明	
实际参数		函数体	函数语句	
函数类型			返回值	

4.【案例15】 超市找零票面及票数计算程序

```
1    #include<stdio.h>
2    #include<math.h>
3                              //补全程序
4                              //补全程序
5                              //补全程序
6                              //补全程序
7    //void change_10(int);   //可选,优先10元找零
8    //void change_5(int);    //可选,优先5元找零
9    int main()
10   {
11       int change;          //找零取整值
12   ag:
13       if(change>0){
14                            //补全程序
15       }
16       goto ag;
17       return 0;
18   }
19   int gouwu(void)
20   {   float hf,fk;
21       int ye;
22       printf("商品总价:");
23       scanf("%f",&hf);
24       hf=hf*0.8;
25       printf("打折后商品总价为%.2f\n",hf);
26       printf("支付金额:");
27       scanf("%f",&fk);
28       if(fk<hf){
29           printf("您好,付款金额不足\n");
30           printf("还差%.2f元\n\n",hf-fk);
31           ye=0;}
32       else if(fk==hf){
33           printf("不需找零,欢迎下次光临\n\n");
34           ye=0;}
35       else{
36           printf("应找:");
37           printf("%.2f元\n",fk-hf);
38           ye=(int)((fk*10000-hf*10000)/100);}
39       return ye;
40   }

43   void zl(int zl)
44   {
45       printf("请输入优先找币金额:");
46       int b;
47       scanf("%d",&b);
48       switch(b)
49       {
50           case 50: change_50(zl);break;
51           case 20: change_20(zl);break;
52           //case 10: change_10(zl);break;
53           //case 5: change_5(zl);break;
54       }
55   }
```

程序输出结果:

```
商品总价:78元
打折后商品总价为62.40元
支付金额:100元
应找:37.60元
请输入优先找币金额:20元
       20元:1张
       10元:1张
        5元:1张
        2元:1张
        5角:1张
        1角:1张
总张数:6

商品总价:219元
打折后商品总价为175.20元
支付金额:1000元
应找:824.80元
请输入优先找币金额:50元
       50元:16张
       20元:1张
        2元:2张
        5角:1张
        2角:1张
        1角:1张
总张数:22

商品总价:▪
```

```
57    void change_50(int ye)
58    {
59        int y50,y20,y10,y5,y2,y1,j5,j2,j1,f5,f2,f1;
60        y50=ye/5000; ye=ye%5000;
61        y20=ye/2000; ye=ye%2000;
62        y10=ye/1000; ye=ye%1000;
63        y5=ye/500;ye=ye%500;
64        y2=ye/200; ye=ye%200;
65        y1=ye/100;ye=ye%100;
66        j5=ye/50;ye=ye%50;
67        j2=ye/20; ye=ye%20;
68        j1=ye/10; ye=ye%10;
69        f5=ye/5; ye=ye%5;
70        f2=ye/2; ye=ye%2;
71        f1=ye/1;
72        if(y50>0){printf("    50元:%d张\n",y50);}
73        if(y20>0){printf("    20元:%d张\n",y20);}
74        if(y10>0){printf("    10元:%d张\n",y10);}
75        if(y5>0){printf("     5元:%d张\n",y5);}
76        if(y2>0){printf("     2元:%d张\n",y2);}
77        if(y1>0){printf("     1元:%d张\n",y1);}
78        if(j5>0){printf("     5角:%d张\n", j5);}
79        if(j2>0){printf("     2角:%d张\n", j2);}
80        if(j1>0){printf("     1角:%d张\n", j1);}
81        if(f5>0){printf("     5分:%d张\n", f5);}
82        if(f2>0){printf("     2分:%d张\n", f2);}
83        if(f1>0){printf("     1分:%d张\n", f1);}
84        printf("总张数:%d\n\n",y50+y20+y10+y5+y2+y1+j5+j2+j1+f5+f2+f1);
85    }
```

该程序用函数调用的方式,实现根据需求选用票面找零并计算找零总张数的程序。请补全空缺行代码,填写任务单 21。

任务单 21:

1. 观察主程序,说说程序输入、程序处理和程序输出分别是哪几行。

2. 根据程序输出结果补全程序的第 3~6 行、第 12 行和第 14 行。

3. 说明下列用户函数的功能。由于篇幅有限,没有列出 change_20() 的源代码,可以参照 change_50() 编写。

gouwu() 的功能:

zl() 的功能:

change_50() 的功能:

change_20() 的功能:

第 21 行变量 ye 的功能:

第 38 行代码的功能:

续表

4. 画出上述 4 个用户函数之间的通信关系。

5. 分析程序,将子函数 gouwu()、zl()、change_50()相应代码和行数位置填入下表。

概念	位置和详情	概念		详情
函数声明			函数名	
函数调用		函数头	函数类型	
函数定义			参数列表	
形式参数			局部变量声明	
实际参数		函数体	函数语句	
函数类型			返回值	

3.6.4 完整任务

1.【案例 16】 计算三角形的周长或面积

请开发一个模块化的交互程序,能读取用户输入的三条边长,并按用户需要显示三角形的面积或周长,程序输出结果如图 3-9 所示。

该程序中包含四个函数:

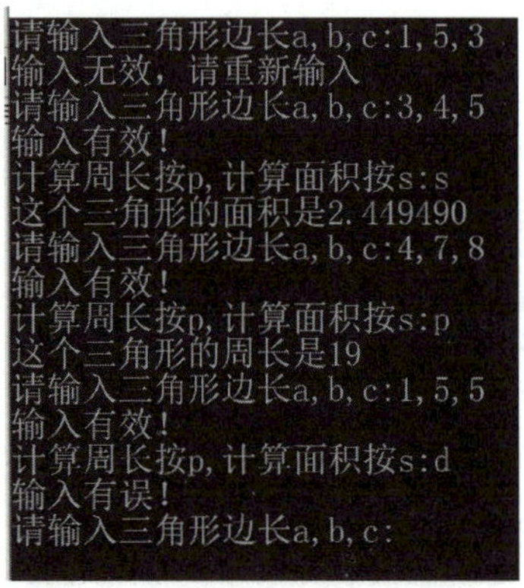

图 3-9 案例 16 程序输出结果

(1) shuru_pand()实现输入三条边长并判断是否构成三角形功能,图 3-9 所示程序中的第 1~4 行可实现此功能;

(2) calcu_choose()实现按用户需要显示面积或周长功能,图 3-9 所示程序中的第 5 行可实现此功能;

(3) perimetre()实现计算周长的功能;

(4) area()实现计算面积的功能。

假设三角形的三条边长为 a、b、c,则

$$周长=a+b+c$$

$$面积=\text{area}=\sqrt{(s-a)(s-b)(s-c)}$$

其中 $s=(a+b+c)/2$。

2.【案例 17】 月份信息的英文显示

请开发一个模块化的交互程序,实现:读取输入的月份数字,输出该数字对应的月份英文单词,程序输出结果如图 3-10 所示。

该程序包含两个用户函数:get_number()实现读取输入的月份数字;month_english()实

现输出对应的月份英文单词。

3.【案例 18】 超市找零数据核对

请开发一个模块化的交互程序，完善补全案例 15 程序，不仅能实现超市可选找零，还能进行核对，检查找零是否正确，程序输出结果如图 3-11 所示。

```
请输入月份数字：5
this month is MAY
请输入月份数字：12
this month is DECEMBER
请输入月份数字：13
ERROR
请输入月份数字：
```

图 3-10　案例 17 程序输出结果

```
我是自动化五班某某某，班级序号10
欢迎来到家乐福超市
目前超市开展元旦活动，全程8折，欢迎选购
商品总价:54元
打折后商品总价为43.20元
支付金额:100元
应找:56.80元
请输入优先找币金额:20元
    20元:2张
    10元:1张
     5元:1张
     1元:1张
     5角:1张
     2角:1张
     1角:1张
总张数:8
核对:
20元*2张+10元*1张+5元*1张+1元*1张+5角*1张+2角*1张+1角*1张=56.80元
核对完成，找零正确
------------------------------------
```

图 3-11　案例 18 程序输出结果

3.6.5　开放任务

（1）请开发一个单元化的交互程序，主程序通过可选项调用各个子程序，子程序的功能包括但不限于下面这些：自我介绍、一周课表、一周食谱等。

（2）扫码观看学习单元三程序的常见故障，结合自己在编程中遇到的故障和解决方法，总结本单元程序的各种故障。

学习单元三
程序的
常见故障

3.7　学习评价

3.7.1　课后练习

1. 选择题

（1）下列有关函数的叙述中，不正确的是（　　）。

A. 函数可以有返回值，但可以有参数

B. 函数可以没有返回值，但可以有参数

C. 函数可以没有返回值，也可以没有参数

D. 函数必须有返回值，也必须有参数

（2）以下哪个函数的定义是错误的？

A. void f(){}   B. void f(int i){return i+1;}

C. void f(int i){}   D. int f(){return 0;}

(3) C 语言由一个个(   )组成。

A. 函数   B. 主函数   C. 函数调用   D. 函数声明

(4) 复杂 C 语言程序有多个单元,其中必须有一个(   )。

A. 函数   B. 主函数   C. 函数调用   D. 函数声明

(5) 复杂 C 语言程序有多个单元,单元间通过(   )来实现相互连接。

A. 函数   B. 主函数   C. 函数调用   D. 函数声明

(6) 函数的定义包括(   )两个部分。

A. 函数说明和函数体   B. 函数名和函数参数

C. 函数说明和返回值   D. 函数名和函数体

(7) 以下哪句不是正确的函数声明? (   )

A. int f();   B. int f(int i);   C. int f(int);   D. int f(){}

(8) 对于不返回值而且只有一个 int 类型的参数的函数,以下哪些函数声明是正确的? (   )

A. void f(int x);   B. void f();   C. void f(int)   D. void f(x);

(9) 以下哪个是函数的正确定义形式? (   )

A. double fun(int x,int y)   B. double fun(int x;int y)

C. double fun(int x,int y);   D. double fun(int x,y);

(10) 以下说法正确的是(   )。

A. 定义函数时,形参的类型说明可以放在函数体内

B. return 后边的值不能为表达式

C. 如果函数值的类型与返回值类型不一致,以函数值类型为准

D. 如果形参与实参的类型不一致以实参类型为准

2. 程序题

(1) 分析下列程序的功能,如果从键盘输入 11,程序结果是_____。

```
#include"stdio.h"
int prime(int n)
{int i;
for(i=2;i<n;i++)
{if(n%i==0)
return 0;
}
return 1;
}

void main()
{
int n;
```

```
scanf("%d",&n);
if(prime(n))
printf("该数是素数\n");
else
printf("该数不是素数\n");
}
```

（2）以下程序的运行结果是_____。

```
#include"stdio.h"
void main()
{
int I=2,x=5,j=7;
fun(j,6);
printf("I=%d;j=%d;x=%d\n",I,j,x);
}
fun(int I,int j)
{
int x=7;
printf("I=%d;j=%d;x=%d\n",I,j,x);
}
```

（3）以下程序的运行结果是_____。

```
#include"stdio.h"
void main()
{
void increment();
increment();
increment();
increment();
}
void increment()
{
int x=0;
x+=1;
printf("%d",x);
}
```

（4）以下程序的运行结果是_____。

```
# include"stdio.h"
void main()
{
int max(int x,int y);
int a=1,b=2,c;
```

```
c=max(a,b);
printf("max is %d\n",c);
}
int max(int x,int y)
{
int z;
z=(x>y)?x:y;
return(z);
}
```

3.7.2　自评和周记

根据评价量表认真填写前面的任务单，自评学习成果，并填写 4F 周记。

4F 周记			
1. 学会的 facts （1）知识点思维导图； （2）程序卡片； （3）梳理概念之间的关系，形成概念图	2. 情绪 feelings （1）正面情绪 1～2 个词，分析该情绪产生的原因； （2）负面情绪 1～2 个词，分析该情绪产生的原因	3. 发现 findings （1）清楚学习任务和评价标准吗？ （2）分析情绪产生的原因后，有什么发现？ （3）分析自己是如何写出程序的？ （4）需要什么帮助	4. 计划 futures 针对前面 3 个 F 的分析，你觉得自己的学习方法是高效的吗？学习有成就感吗？针对自己的情况在下周的学习中准备有什么行动或调整，写出较详细的计划

学习单元四　单层循环应用

4.1　单元描述

在之前的学习单元中,大家已经掌握了如何让计算机根据条件做出判断,例如判断一个数的正负、确定某年是否为闰年、根据 BMI 值给出健康建议,或是将百分制成绩转换为等级制。而在上一节,我们还编写了一个执行力程序,该程序不仅展示了选择语句的嵌套使用,还帮助大家检验了自己的执行力。学习一门编程语言,需要我们持之以恒地努力,与时间携手并进。

在我们的日常生活中,除了做出选择,还有一种常见情形,那就是循环。例如一天有二十四小时,一周有七天,一年有四季,它们都在循环往复,周而复始。那么,计算机能否进行循环计算呢?答案无疑是肯定的。例如,计算 1 到 100 的和、确定某日是星期几,或是根据级数计算 π 值等,在这些场景中都用到了循环。为了实现循环语句,我们需要学习相关的关键字,如 for 语句、while 语句和 do-while 语句,而之前学过的 goto 语句同样可以实现循环执行功能。

在本单元中,我们不仅要学习不同循环指令的异同,更重要的是应用循环解决实际问题。例如,应用循环求解一元多次方程的解、判断一个数是否为素数,或是计算房贷和银行存款等。解决这些问题,不仅需要我们掌握 C 语言的语法知识,还需要我们理解每个问题的数学模型,即算法。

这就是本单元的学习内容。完成本单元的学习后,你将能够轻松编写任务单中的程序。这些程序具有一些共同特点:数据量适中、层级简单(主要为单层循环)、结构复杂(包含顺序、选择和循环)、初始状态灵活可调,且可以进行单元化的程序设计。希望通过本单元的学习,同学们能够熟练掌握循环指令的用法和常用算法,进一步提升自己的逻辑思维能力!

学习之路,贵在坚持。让我们继续前行,探索编程的奥秘!

4.2　单元目标

(1) 通过学习,能够用自己的话描述如下概念或规则:
①for 语句的格式和流程;
②while 语句的格式和流程;
③do-while 语句的格式和流程;
④π 值的级数求解原理;
⑤牛顿迭代法的原理;
⑥斐波那契数列的特点;

⑦素数的特点；

⑧水仙花数的特点；

⑨break 和 continue 循环跳出指令的功能。

（2）应用学到的概念和规则，编写程序解决如下问题：

①能应用 for 循环指令编写求和和求积的程序，以主子程序调用的形式实现；

②能应用 while 循环指令编写 π 的求解程序，以主子程序调用的形式实现；

③能应用 do-while 循环指令编写给定系数一元多次方程的求解程序，以主子程序调用的形式实现；

④能应用循环语句编写求解斐波那契数列第 N 项的程序，以主子程序调用的形式实现；

⑤能应用循环语句编写判断一个数是否为素数的程序，以主子程序调用的形式实现；

⑥能应用循环语句编写某种类型的数（比如水仙花数）的程序，以主子程序调用形式实现；

⑦能应用循环语句编写求解最大公约数的程序。

（3）在学习过程中，培养高效学习方法和自我引导学习习惯，主要体现在：

①能认真细致地填写程序卡片，严谨细致编写程序，添加合适的注释，遵循可读性强的编程风格；

②遇到困难不轻易放弃，能主动跟同学和老师交流学习疑难问题；

③能察觉学习过程中自己的情绪，能自我排查不良情绪，积极调整心态，进一寸有得一寸的欢喜；

④能承担起小组角色和责任，认真聆听组员的发言，体察他人的情绪，积极参与小组任务，互相学习，共同进步；

⑤能根据任务书和量表，自评知识点和程序编写的掌握情况，清楚自己的学习进展，根据自己的进度合理安排学习计划，在这个过程中能主动寻找资源和帮助，培养自学能力和合作能力。通过自我监控学习过程，逐渐培养自我引导的学习习惯。

4.3 任务列表

在电脑上下载并安装 DEV-C 软件，同时在手机端下载 C 语言编译 App。

学习单元四　任务书			
小组序号和名称		组内角色	
小组成员			
准备任务			
1. 完成上个学习单元的任务书			
2. 完成上个学习单元的作业			
3. 完成上个学习单元的 4F 周记			

实践任务				
概念或原理	根据量表自评	编程技能	任务类型	根据量表自评
1. for 语句		1. 输出 1 行多个 ＊	任务呈现	
2. while 语句		2. 输出一列多个 ＊	任务呈现	
3. break 语句		3. 求和程序-for	任务呈现	
4. do-while 语句		4. 求和程序-while	任务示范	
5. π 值的级数求解原理		5. 计算输入值对数	任务示范	
6. 牛顿迭代法的原理		6. 不同利率存款余额计算	任务示范	
7. 斐波那契数列		7. N 位数逆序输出	任务示范	
8. 素数的特点		8. π 值的计算	任务示范	
9. 水仙花数的特点		9. 求输入数的平均数	任务示范	
10. 循环跳出 break		10. 统计猜数次数	任务示范	
11. 循环跳出 continue		11. 牛顿迭代法求解一元多次方程	任务示范	
		12. 斐波那契数列	任务示范	
		13. 阶乘程序	补全任务	
		14. 求 x 的 y 次方	补全任务	样例示范
		15. 求奇偶数个数	补全任务	
		16. 不定系数一元多次方程求解	补全任务	
		17. 判断一个数是否为素数	补全任务	
		18. 200～300 之间不能被 3 和 5 整除的数	完整任务	
		19. 任选级数 π 的求解	完整任务	
		20. 求解水仙花数	完整任务	
		21. 求解最大公约数	完整任务	
编程过程中遇到的故障记录				

续表

总结专业英文词汇

概念关系图

4.4　评价量表

	完全掌握—A	基本掌握—B	没有掌握—C
知识点评分量规	能画出每个知识点的思维导图； 能找出相关知识点的关联； 能正确完成专项训练并且说明理由； 错误程序都能修改正确	能画出每个知识点的思维导图； 知识点的关联不太清楚； 专项训练少量题目不会做	知识点内容不太熟悉； 专项训练作业只会做少部分； 不清楚知识点之间的关联
	完全掌握—A	基本掌握—B	没有掌握—C
程序技能评分量规	能独立写出程序，理解每一行代码的含义； 能正确画出程序流程图； 能正确填写变量表； 程序结构很清晰； 程序有必要注释	在同学或老师的帮助下： 能正确编写程序，基本可以看懂程序； 能正确画出程序流程图； 能正确填写变量表； 程序结构较清晰； 程序有少部分注释	看不懂程序，也没有主动寻求帮助； 程序结构不清晰； 程序没有注释

4.5　小 组 分 工

班级		组号		指导老师	
组长		学号			
组员分工	任务分工		姓名	学号	
	绘制知识点思维导图				
	绘制程序框图				
	编写程序				
	记录调试故障				
	记录专英词汇				
	制作学习过程视频				
	分享小组学习成果				

4.6　学 习 过 程

4.6.1　任务呈现

1.【案例1】　输出1行多个 ＊

```
1   #include <stdio.h>
2   int main()
3   {
4       int n;
5       for(n=10;n>0;n--)
6       {printf("*");
7       }
8       return 0;
9   }
10
```

案例1
程序讲解视频

扫码观看案例1程序讲解视频,完成任务单1的填写。

任务单1:

1. 根据运行程序写出程序结果	程序结果:

2. 第五行,n＝10 改为 n＝15	程序结果:
3. 第六行改为 printf("＊\n")	程序结果:
4. 第五行出现了新关键字,它的功能是什么? 它的格式是什么?	您的答案:
5. 第六行和第七行的大括号可以去掉吗?	您的答案:

2.【案例2】 输出 1 列多个 ＊

分析上面程序的功能,完成任务单 2 的填写。

任务单 2:

1. 运行如下程序:
 	
``
 1   #include <stdio.h>
 2   int main()
 3   {
 4   int n;
 5   scanf("%d",&n);
 6   for(;n>0;)
 7   {printf("*\n");
 8   n--;
 9   }
10   return 0;
11   }
``
 	
从键盘上输入 5 按回车键
	程序运行结果:

2. 程序第五行的功能是什么?	程序运行结果:

3. 程序第八行的功能是什么？	程序运行结果：
4. 运行如下程序： ```\n1 #include <stdio.h>\n2 int main()\n3 {\n4 for(;;)\n5 printf("*");\n6 return 0;\n7 }\n```	程序运行结果： for(;;)语句的作用是：

3.【案例 3-A】 求和程序 A

```
1  /*********************************
2  ***    功能: 实现求和sum=1+2+···+n    ****
3  ***    author: 陈亨志              ****
4  ***    create: 2019-12-12         ****
5  *********************************/
6  #include <stdio.h>
7  int main()
8  {
9      int i,n,sum;
10 ag: sum=0,i=1;
11     printf("please input n:");
12     scanf("%d",&n);
13     while(i<=n)
14     { sum=sum+i;
15       i++;   }
16     printf("sum=%d\n",sum);
17     goto ag;
18     return 0;
19 }
```

4.【案例 3-B】 求和程序 B

```
1  /*********************************
2  ***    功能: 实现求和sum=1+2+···+n
3  ***    author: 陈亨志
4  ***    create: 2019-12-12
5  *********************************
6  #include <stdio.h>
7  int main()
8  {
9      int i,n,sum;
10 ag: sum=0,i=1;
11     printf("please input n:");
12     scanf("%d",&n);
13     for(;i<=n;)
14     { sum=sum+i;
15       i++;   }
16     printf("sum=%d\n",sum);
17     goto ag;
18     return 0;
19 }
```

对比案例 3-A 和案例 3-B,填写任务单 3。

任务单 3：

1. 从键盘上输入 5	A 程序输出结果：
2. 从键盘上输入 5	B 程序输出结果：
3. 两个程序的不同之处在哪？说明了什么？	
4. for 循环语句的格式是什么？	
5. while 循环语句的格式是什么？	
6. 如果要修改程序实现输出是：sum＝1＋2＋…＋10＝55,输出语句怎么写？	

比较案例 1～案例 3,填写任务单 4。

任务单 4：

程序结构分析	案例 1	案例 2	案例 3-A	案例 3-B
程序功能	无			

程序结构分析	案例1	案例2	案例3-A	案例3-B
预处理	第1行			
主程序框架	2,3,8,9			
变量定义	4			
变量输入	5			
数据处理	5-7			
结果输出	6			

循环语句格式	for(;;)
	　　{…;
	　　　　}			

循环语句特点	单层循环			
重复输入	无			
说明	这里列举的几个案例,都用到了循环语句,循环语句可以用for语句实现,也可以用while语句实现,两种语句只是语法不同,可互相转化。循环语句有单层循环,也有多层循环,在实际编程时可根据具体情况,选择使用单层循环或多层循环,当循环有嵌套的时候一定要注意{}的位置,{}会改变循环语句的执行情况			

5. 本单元程序结构

本单元的程序具备如下特点:处理的数据是基本数据类型,数量不多,变量的初始状态不再是给定的,而是可以通过键盘输入,这样更灵活。程序结构较第二个单元难度继续增加,不仅有顺序执行语句和条件执行语句,还有循环执行语句;而且各种执行语句之间可能有嵌套,因此程序的逻辑也进一步复杂,增加到二至三层,会用到循环的嵌套,或者循环嵌套条件,程序的变化更加丰富,实现的功能更加多样。本单元的程序结构如图4-1所示。

```
1    /* 程序功能:
2        算法:
3        作者:                */
4    #include <stdio.h>        //链接部分
5    int main()
6    {
7    //*********声明部分**********
8        int n,m,t;
9        scanf("%d %d",&n,&m);
10   //*********执行部分**********
11        ;
12       while(  ){    //for(;;)
13          ;
14       }
15   //*********输出部分**********
16       printf(     );
17       return 0;
18   }
```

图4-1　本单元的程序结构

4.6.2　任务示范

1.【案例4】　求和程序-while

```
1   /*********************************
2   ***    功能：实现求和sum=1+2+···+n    ****
3   ***    author：陈享志             ****
4   ***    create: 2019-12-12        ****
5   *********************************/
6   #include <stdio.h>
7   int main()
8  {
9      int i,n,sum;
10  ag: sum=0,i=1;
11     printf("please input n:");
12     scanf("%d",&n);
13     while(i<=n)
14     { sum=sum+i;
15       i++;  }
16     printf("sum=%d\n",sum);
17     goto ag;
18     return 0;
19  }
```

案例4
程序讲解视频

扫码观看案例4程序讲解视频，填写任务单5。

任务单5：

求和程序-while——程序卡片			
姓名		日期	
声明部分：变量定义、输入提醒、变量输入			
循环部分：流程图			

续表

		输入变量			输出结果
		i	n	sum	
测试程序:填写变量关系表	初值				
	第一次循环				
	第二次循环				
	第三次循环				
	⋮				
	最后一次循环				
如果要修改程序实现输出是:sum=1+2+⋯+10=55,输出语句怎么写?					
如果减少一个变量 i,如何修改程序实现相同的功能?					
学会的知识点和英文词汇					
自我评价	知识点掌握程度		程序编写技能掌握程度		

【概念规则】 while 语句

while 语句用来描述 while 型循环结构,循环体中如包括一个以上的语句,则必须用{}括起来,组成复合语句。while 型循环常称为"当"型循环,它的一般形式为:

while(循环条件){循环体语句;}

执行过程如图 4-2 所示。

①求解"循环条件"表达式。如果其值为"真(非 0)"时,则进入步骤②,执行循环体语句;否则进入步骤③,结束 while 语句。

②执行循环体语句,然后进入步骤①。

③执行结束 while 语句。

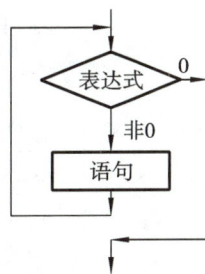

图 4-2 while 语句执行过程

【专项训练】 写出下列 while 循环语句的输出结果,填在任务单 6 中。

任务单 6:

程序	输出结果

int i=0,a=1;
while(i<9)
{i++;
++a;
}
	分析左侧程序,其中循环条件是_____,循环控制变量是_____,循环体是_____,修改循环条件的语句是_____,该循环条件将执行_____次,结束循环时,i 的值是_____,a 的值是_____。

#include<stdio.h>
int main()
{
    int a;
    while(a=5)
    printf("%d",a--);
    return 0;
}
	当执行左侧程序时( )。
	A. 循环体将执行 5 次
	B. 循环体将执行 0 次
	C. 循环体将执行无限次
	D. 系统会宕机

#include<stdio.h>
main()
{int n=12345,d;
  while(n!=0)
    {d=n%10;
    printf("%d",d);
    n/=10;}
}
	左侧程序的输出结果是_____

2.【案例5】 计算输入值对数

案例5
程序讲解视频

```
1   /*==   程序功能:计算输入值X的对数        ====
2   ====  示例:输入8,输出 log2 of 8 is 3  ====
3   ====      作者:陈亨志                  ==*/
4   #include <stdio.h>
5   int main()
6   {
7   //=====变量声明和输入=====
8       int x, ret=0;
9       scanf("%d",&x);
10      int t=x;
11  //====数据处理===========
12      for(;x>1;){
13      x/=2;
14      ret++;
15      }
16  //======结果输出==========
17      printf("log2 of %d is %d.\n",t,ret);
18      return 0;
19  }
```

扫码观看案例 5 程序讲解视频,填写任务单 7。

任务单 7：

计算输入值对数——程序卡片				
姓名			日期	
声明部分:变量含义				
循环部分:流程图				
输出部分:变量关系表		输入变量		输出结果
		x	ret	t
	初值			
	第一次循环			
	第二次循环			
	第三次循环			
	⋮			
	最后一次循环			

用 while 语句改写这个程序并调试	

比较右边两段代码的不同,画出流程图,思考这些差异是否会对程序的执行结果产生影响?

```
11  //====数据处理========
12  for(;x>1;x/=2){
13  ret++;
14  }
```

```
11  //====数据处理===========
12  for(;x>1;){
13  x/=2;
14  ret++;
15  }
```

第 10 行的作用是什么?

自我评价	知识点掌握程度		程序编写技能掌握程度	

【概念规则】 for 语句

一个完整的循环一般应包含四个部分:对有关变量赋初值、控制循环的条件、一组要执行的循环语句、每次循环后对有关变量的修正。for 语句的一般形式为:

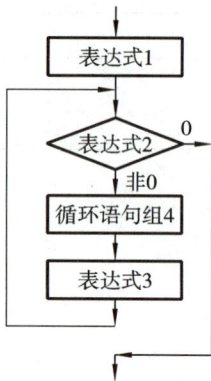

$$for(表达式 1;表达式 2;表达式 3)\{循环语句组 4\}$$

当循环语句组只有一句时,可省掉大括号{}。执行过程如图4-3所示。

①执行表达式 1,一般为对有关变量赋初值;

②测试表达式 2 的值,当值为"真(非 0)"时,进入步骤③;否则结束 for 语句;

③执行循环语句组 4;

④执行表达式 3,一般为对有关变量进行修正;

⑤返回步骤②。

图 4-3　for 语句的执行过程

【专项训练】 写出下列 for 循环语句的输出结果,填在任务单 8 中。

任务单 8:

程序	输出结果

``c
#include<stdio.h>
main()
{int n=12345,d;
    for(;n!=0;n/=10)
      { d=n%10;
        printf("%d",d);}
}
``	

``c
#include<stdio.h>
main()
{int n=12345,d;
    for(;n!=0;)
      { n/=10;
        d=n%10;
        printf("%d",d);}
}
``	

3.【案例 6】 不同利率存款余额计算

```c
1   /*********************************
2   ***  功能：根据时间计算三种利率的每年存款金额*
3   ***  算法：循环，每年存款金额=上一年*利息 ****
4   ***  作者和时间： XXX  2020-12-12      ****
5   *********************************/
6   #include <stdio.h>
7   int main()
8   {
9       int n;
10      printf("请输入存储的年数");
11      scanf("%d",&n);
12      int i;
13      float y1=1.0,y2=1.0,y3=1.0;
14      printf("年份\t利率0.1  利率0.15  利率0.2\n");
15      for(i=1;i<=n;i++)
16      { y1=y1*(1+0.1);
17        y2=y2*(1+0.15);
18        y3=y3*(1+0.2);
19        printf("%d\t  %.2f\t  %.2f\t    %.2f\n",i,y1,y2,y3);
20        }
21      return 0;
22  }
```

案例 6
程序讲解视频

扫码观看案例 6 讲解视频，填写任务单 9。

任务单 9：

不同利率存款余额——程序卡片			
姓名		日期	
声明部分:变量含义			
循环部分:流程图			

续表

输出部分:变量关系表		输入变量		输出结果		
		n	i	y1	y2	y3
	初值					
	第一次循环					
	第二次循环					
	第三次循环					
	⋮					
	最后一次循环					

用 while 语句改写这个程序并调试	

第 14 行的作用是什么?	

第 19 行的作用是什么?	

编程计算$(1+0.01)^{100}$ $(1-0.01)^{100}$,将结果写下来,看到结果你会想到什么?	

自我评价	知识点掌握程度		程序编写掌握程度	

4. 【案例 7】　N 位数逆序输出

```
1   /***********************************
2   ***    功能：输入一位任意数，可逆序输出****
3   ***    比如：输入345，输出543        ****
4   ***    author: 陈享志               ****
5   ***    create: 2019-12-12           ****
6   ***********************************/
7   #include <stdio.h>
8   int main()
9   {   int x;
10  ag: printf("请输入一位任意数：");
11      scanf("%d",&x);
12      int digit;
13      int ret=0;
14      while(x>0){
15          digit=x%10;          //个位数
16          ret=ret*10+digit;    //逆序数
17          x=x/10;              //去掉个位数
18          //printf("digit=%d,ret=%d,x=%d\n",digit,ret,x);
19      }
20      printf("逆序数是%d\n",ret);
21      goto ag;
22      return 0;
23  }
```

案例 7
程序讲解视频

扫码观看案例 7 程序讲解视频，填写任务单 10。

任务单 10：

N 位数逆序输出——程序卡片			
姓名		日期	
声明部分： 变量含义			
循环部分： 流程图			

		输入变量	中间变量	输出结果
		x	digit	ret
输出部分： 变量关系表	初值			
	第一次循环			
	第二次循环			
	第三次循环			
	⋮			
	最后一次循环			
解释 第 15 行含义				
解释 第 16 行含义				
解释 第 17 行含义				
解释 第 18 行含义				
自我评价	知识点掌握程度		程序编写掌握程度	

5.【案例8】 π 值的计算

案例 8
程序讲解视频

```
1    /*==   程序功能: 根据精度eps计算∏ 值      ====
2    ====   算法: 根据第10行级数公式来计算∏     ===
3    ====   作者: 陈亨志                      ==*/
4    #include "stdio.h"
5    #include <math.h>
6    int main()
7    {
8    //=====∏ /4=1-1/3+1/5-1/7+1/9-1/11… ======
9    //=====直到最后一项的值小于10的n次方=======
10       int s,c;
11       int n;
12       double i,t,pi,eps;
13   ag: printf("请输入精度等级0- (-10) :");
14       scanf("%d",&n);
15       eps=pow(10,n);
16       for(c=0,s=1,t=1.0,pi=0,i=1.0;fabs(t)>eps;){
17          pi+=t;
18          i+=2;
19          s=-s;
20          t=s/i;c++;
21       }
22       pi*=4;
23       printf("c=%d, pi=%.81f\n",c,pi);
24       goto ag;
25       return 0;
26   }
```

扫码观看案例 8 程序讲解视频,填写任务单 11。

任务单 11:

π 值的计算——程序卡片					
姓名			日期		
声明部分: 变量含义					
循环部分: 流程图					
输出部分: 变量关系表		输入变量	中间变量	输出结果	
		n	eps	c	pi
	初值 1	—1			
	初值 2	—3			
	初值 3	—5			
	初值 4	—7			
	初值 5	—9			
解释 第 5 行含义					
解释 第 17~20 行含义					
解释 第 22 行含义					
计算 π 值的级数 你还知道有 哪些方法吗?					
自我评价	知识点掌握程度			程序编写掌握程度	

6.【案例9】 求输入数的平均值

```
1    #include <stdio.h>
2     main()
3   { int sum=0, count=0, mark;
4       while(1){
5           printf("输入成绩(小于0结束)\n");
6           scanf("%d", &mark);
7           if(mark<0) break;
8           sum+=mark;
9           count++;
10          }
11      if(count)
12      printf("平均成绩为%.2f\n",((float)sum)/count);
13      else
14      printf("没有数据输入.\n");
15      }
```

案例9
程序讲解视频

扫码观看案例9程序讲解视频,填写任务单12。

任务单12:

求输入数的平均值——程序卡片				
姓名			日期	
声明部分:变量含义				
循环部分:流程图				
输出部分:变量关系表		输入变量		输出结果

		输入变量			输出结果
		mark	count	sum	平均值
	初值				
	第一次循环				
输出部分:变量关系表	第二次循环				
	第三次循环				
	⋮				
	最后一次循环				
	如果学生四科成绩为:90、80、70、80,填写此表				

续表

解释第 4 行含义	
程序中 while 循环是如何跳出的?	
程序中循环的次数是由什么决定的?	
程序的功能是什么?	
第 12 行可以去掉 float 吗? 说明输出数据格式的是什么?	
修改程序实现输入固定个数(比如 20 个)的平均值	

自我评价	知识点掌握程度		程序编写掌握程序	

【概念规则】 break 语句

C 语言中 break 语句有以下两种用法:

(1)当 break 语句出现在一个循环内时,循环会立即终止,且程序流将继续执行紧接着循环的下一条语句。

（2）它可用于终止 switch 语句中的一个 case。

如果使用的是嵌套循环（即一个循环内嵌套另一个循环），break 语句会停止执行最内层的循环，然后开始执行该块之后的下一行代码。

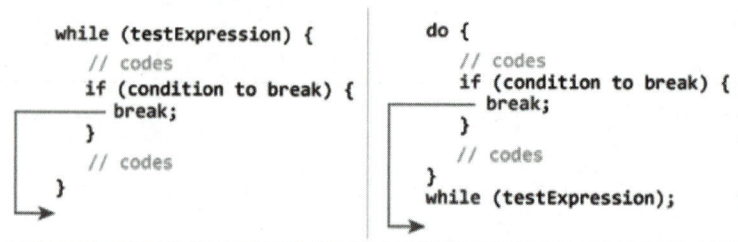

```
while (testExpression) {
    // codes
    if (condition to break) {
        break;
    }
    // codes
}
```

```
do {
    // codes
    if (condition to break) {
        break;
    }
    // codes
}
while (testExpression);
```

【专项训练】 写出下列含 break 的循环语句输出结果，填在任务单 13 中。

任务单 13：

程序	输出结果

``c
# include<stdio.h> 	
int main()
{   int a=10;
  while(a<20){
      printf("a的值:%d\n",a);
          a++;
      if(a>15){
          break;}
      }
  return 0;
}
``
	a 的值:10
	a 的值:11
	a 的值:12
	a 的值:13
	a 的值:14
	a 的值:15

``c
# include<stdio.h> 	
int main()
{   int a=10;
  while(a<20){
      printf("a的值:%d\n",a);
      if(a>15){
          break;}
      a++;
      }
  return 0;
}
``	

7.【案例 10】 统计猜数次数

```
1   /***********************************
2   ***   功能：系统产生一个0～100的随机数****
3   ***   统计用户猜出这个数的次数        ****
4   ***   author: 陈亨志                ****
5   ***   create: 2019-12-12           ****
6   ***********************************/
7   #include <stdio.h>
8   #include<stdlib.h>
9   #include<time.h>
10  int main()
11  {
12  ag: srand(time(0));
13      int number=rand();
14      number=rand()%100;
15      int count=0,a;
16      printf("系统已经随机产生了一个0～100的数\n");
17      printf("看看你最少几次能猜出这个数\n");
18      do{
19          printf("please input a 0-100 number:");
20          scanf("%d",&a);
21          count++;
22          if(number>a)
23          printf("the number is smaller\n");
24          else if(number<a)
25          printf("the number is bigger\n");
26      }while(number!=a);
27      printf("Great!You guessed it %d times.\n",count);
28      goto ag;
29      return 0;
30  }
```

分析案例 10 的程序,填写任务单 14。

任务单 14:

<table>
<tr><td colspan="4" align="center">统计猜数次数——程序卡片</td></tr>
<tr><td align="center">姓名</td><td></td><td align="center">日期</td><td></td></tr>
<tr><td>声明部分:变量含义</td><td colspan="3"></td></tr>
<tr><td>循环部分:流程图</td><td colspan="3"></td></tr>
</table>

续表

输出部分:变量关系表		输入变量	中间变量	输出结果
		count	a	
	初值			
	第一次循环			
	第二次循环			
	第三次循环			
	第四次循环			
	⋮			
	最后一次循环			
列举 stdlib.h 函数库里的 3 个函数,并说明功能				
列举 time.h 函数库里的 3 个函数,并说明功能				
解释第 12～14 行含义				
写出 do-while 的格式				
比较 do-while 语句和 while 语句的差异				
自我评价	知识点掌握程度		程序编写掌握程度	

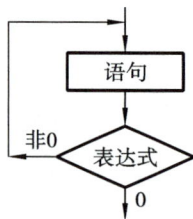

图 4-4 do-while 语句的执行过程

【概念规则】 do-while 语句

do-while 型循环常称为"直到"型循环,循环体中如包括有一个以上的语句,则必须用{ }括起来,它的一般形式为:

do{循环体语句;}while(表达式);

执行过程如图 4-4 所示。

①执行 do-while 语句的循环体；

②求 while 之后表达式的值；

③测试表达式的值，当值为"真（非 0）"时，回到步骤①，否则结束 do-while 语句。

【专项训练】　写出下列含 do-while 的循环语句输出结果，填在任务单 15 中。

任务单 15：

程序	输出结果
```c\n#include<stdio.h>\nint main()\n{\n int i=5;\n do{\n printf("hehe");\n }while(i<5);\n return 0;\n}\n```	
```c\n#include<stdio.h>\nint main()\n{\n int i=5;\n while(i<5){\n printf("hehe");\n }\n return 0;\n}\n```	
```c\n#include<stdio.h>\nint main()\n{int a=10;\n do{\n printf("a 的值:%d\n",a);\n a=a+1;\n }while(a<20);\n return 0;\n}\n```	

8.【案例 11】 牛顿迭代法求解一元多次方程

```
1    /*****************************************
2    ***    功能：计算3x³+4x²-2x+5=0的根     ****
3    ***    算法：应用牛顿迭代法来计算           ****
4    ***    author：陈孝志                    ****
5    *****************************************/
6    #include "stdio.h"
7    #include <math.h>
8    #define eps  1.0e-6
9    int main()
10   {
11       // =========3*x*x*x+4*x*x-2*x+5=0 =========
12       double x,d; int cs;
13   ag:     cs=0;
14           printf("input initial root:");
15           scanf("%lf",&x);
16           do{
17               d=(((3.0*x+4.0)*x-2.0)*x+5.0)/((9.0*x+8.0)*x-2.0);
18               x=x-d; ++cs;
19               printf("cs=%d, d=%.8f, root=%.8f\n",cs,d,x);
20           }while(fabs(d)>eps);
21           if(fabs(3*x*x*x+4*x*x-2*x+5)<eps) {
22               printf("通过%d次循环,\n得到",cs);
23               printf("精度达到 %f 的解是%.8f\n",eps,x); }
24       goto ag;
25       return 0;
26   }
```

案例 11
程序讲解视频

扫码观看案例 11 程序讲解视频，填写任务单 16。

任务单 16：

牛顿迭代求解一元多次方程——程序卡片			
姓名		日期	
声明部分：变量含义			
循环部分：流程图			

		输入变量		中间变量	输出结果
		x	cs	d	
输出部分:变量关系表	初值				
	第一次循环				
	第二次循环				
	第三次循环				
	第四次循环				
	⋮				
	最后一次循环				
解释第 7 行含义					
解释第 8 行含义					
第 11 行可以写成 scanf("％f",&x)吗? 运行修改后的程序看看有什么结果					
用自己的话说说什么是牛顿迭代法					
自我评价	知识点掌握程度			程序编写掌握程度	

9.【案例 12】　斐波那契数列

案例 12
程序讲解视频

```c
#include "stdio.h"
int main()
{
    long f1=1,f2=1; int i;      // f1-奇数月总数, f2-偶数月总数
    for(i=1;i<=20;i++){
        printf("%2d--%-10ld\t%2d--%-10ld\t",i*2-1,f1,i*2,f2);
        if(i%2==0){ printf("\n"); }
        f1=f1+f2;
        f2=f1+f2;
    }
}
```

　　有一对兔子,从出生后第三个月起每个月都生一对兔子,小兔子长到第三个月后又生一对兔子,假设所有兔子都不死,问每个月的兔子总数是多少? 扫码观看案例 12 程序讲解视频,分析该程序是如何实现求兔子数量的,填写任务单 17。

任务单 17：

斐波那契数列——程序卡片		
姓名		日期
声明部分： 变量含义		

假设第一年的兔子用 A_X 表示,第二年的兔子用 A_Z 表示,第三年的兔子用 A_L 表示,在下表中已经写下第 1~6 年的兔子明细和数量,按照规律请填写第 7~8 年的兔子明细和数量,你发现了什么规律?

年数	兔子明细								数量
第 1 年	A_X								1
第 2 年	A_Z								1
第 3 年	A_L	A_X							2
第 4 年	A_Z	A_L	A_X						3
第 5 年	A_L	A_X	A_Z	A_L	A_X				5
第 6 年	A_Z	A_L	A_X	A_L	A_X	A_Z	A_L	A_X	8
第 7 年									
第 8 年									

		变量		中间变量	输出结果
		f1	f2	i	
输出部分： 变量关系表	初值				
	第一次循环				
	第二次循环				
	第三次循环				
	第四次循环				
	⋮				
	最后一次循环				
解释 第 6 行含义					
解释 第 7 行含义					

续表

第8行和第9行 有什么不同	

第4行中 long 和 int 的数据范围分别是多少,变量 f1、f2 为什么要用 long 类型?

自我评价	知识点掌握程度		程序编写掌握程度	

【概念规则】　斐波那契数列

意大利数学家莱昂纳多·斐波那契提出了具备以下特征的数列:

(1) 前两个数的值分别为 0、1 或者 1、1;

(2) 从第3个数字开始,它的值是前两个数字的和。

为了纪念他,人们将满足以上两个特征的数列称为斐波那契数列。

如下就是一个斐波那契数列:

1　1　2　3　5　8　13　21　34　……

4.6.3　补全任务

1.【案例13】　阶乘程序

案例13
程序讲解视频

```
1   #include <stdio.h>
2   int main()
3   {
4       int n;
5   ag: scanf("%d",&n);
6       int i,factor;
7
8       while(i<=n)
9
10
11      printf("%d!=%d\n",n,factor);
12      goto ag;
13      return 0;
14  }
```

扫码观看案例13程序讲解视频,参照求积程序,补全阶乘程序的代码,并填写工作单18。

任务单18:

1. 补全第7行	
2. 补全第9～10行	

3. 运行程序 输入 n＝10,得到结果 输入 n＝11,得到结果 输入 n＝12,得到结果 输入 n＝13,得到结果 输入 n＝14,得到结果 输入 n＝15,得到结果	
4. 你发现了什么问题？这个问题是如何导致的？	
5. 修改程序,你能求出最大的阶乘是算到第几个数？输出结果为 product＝1 * 2 * 3 * … * n＝	

2.【案例14】 求 x 的 y 次方

```
1   #include<stdio.h>
2   main()
3 ┌ {   int x,y,ret;
4   ag:
5        printf("请输入x和y的值：");
6        scanf("%d %d",&x,&y);
7
8 ┌      while(y>0){
9
10
11        }
12
13        goto ag;
14 └ }
15
```

案例 14
程序讲解视频

扫码观看案例 14 程序讲解视频。该程序实现计算 x 的 y 次方,x 和 y 的值从键盘输入,请补全代码,并填写任务单 19。

任务单 19：

程序输出效果： 请输入x和y的值：3 4 3的4次方为81 请输入x和y的值：2 8 2的8次方为256 请输入x和y的值：3 0 3的0次方为1 请输入x和y的值：8 3 8的3次方为512 请输入x和y的值：	

1. 根据程序输出效果填写程序的第 4 行、第 7 行、第 9 行、第 10 行和 12 行。	补全程序：
2. goto 语句跳转的位置可以放在第 5 行吗？如果不行请说明原因。	说明原因：
3. 将 POW 程序用 for 语句改写试试看。	程序结果：
4. 利用 C 语言自带的库函数，改写 log 和 POW 程序。	

5. 列举 C 语言自带的 3 个库,并说明库内包含的函数。	

3.【案例 15】 求奇偶数个数

```
1   #include <stdio.h>
2   int main()
3   {
4       int odd=0,even=0,num;
5       printf("请输入整数: ");
6
7       while(num!=-1){
8           if(        )even++;
9           else          ;
10                       ;
11      }
12      printf("奇数个数是%d个,偶数个数是%d个",      ,      );
13      return 0;
14  }
```

案例 15
程序讲解视频

扫码观看案例 15 程序讲解视频,参照上面程序案例,填写任务单 20。编写一个程序 oddoreven.cpp,该程序要读入一系列正整数数据,输入-1 表示结束,-1 本身不是输入的数据,程序输出读到的数据中奇数和偶数的个数。

任务单 20:

程序输出效果:

请输入整数: 3 3 4 4 5 5 6 6 7 7
3 3 -1
奇数个数是8个,偶数个数是4个

不完整程序:

【思考】

根据程序输出效果填写程序的第 6 行、第 8 行、第 9 行、第 10 行和第 12 行。

4. 【案例 16】　不定系数一元多次方程求解

```
1   #include "stdio.h"
2   #include <math.h>
3   #define eps  1.0e-6
4   int main()
5   {
6       //============程序1：牛顿迭代法 =========
7       //=======dx³+ex²+fx+g=0 =====
8       int d,e,f,g;
9       double x,y; int cs;
10  ag: printf("输入d,e,f,g的系数（逗号隔开）:");
11
12      cs=0;
13      printf("input initial root:");
14
15      do{
16
17          x=x-y; ++cs;}while(fabs(y)>eps);
18      if(              ){
19          printf("通过%d次循环,\n得到",cs);
20          printf("精度达到 %f 的解是%.6f\n\n",eps,x);
21          }
22      goto ag;
23      return 0;
24  }
```

案例 16
程序讲解视频

扫码观看案例 16 程序讲解视频。根据牛顿迭代法，编写一元三次方程 $dx^3 + ex^2 + fx + g = 0$ 的通解程序，填写任务单 21。d、e、f、g 的值从键盘输入，判断方程是否有解，有解则输出根的值。

任务单 21：

程序输出效果：

```
输入d, e, f, g的系数（逗号隔开）:3, 4, 5, 6
input initial root:10
通过12次循环,
得到精度达到 0.000001 的解是-1.265328

输入d, e, f, g的系数（逗号隔开）:3, 4, 5, 6
input initial root:1
通过7次循环,
得到精度达到 0.000001 的解是-1.265328

输入d, e, f, g的系数（逗号隔开）:9, 8, 7, 6
input initial root:1
通过8次循环,
得到精度达到 0.000001 的解是-0.872852

输入d, e, f, g的系数（逗号隔开）:9, 8, 7, 6
input initial root:10
通过13次循环,
得到精度达到 0.000001 的解是-0.872852

输入d, e, f, g的系数（逗号隔开）:
```

【思考】

根据程序输出效果填写程序的第 11 行、第 14 行、第 16 行和第 18 行。

5.【案例17】 判断一个数是否为素数

```
1    /*==  程序功能：判断一个数是否为素数          ====
2    ====  算法：用遍历法实现，只能被1和本身整除====
3    ====  作者：陈享志                         ==*/
4    #include <stdio.h>
5    int main()
6    {   int x;
7    ag: printf("请输入一个数：");
8
9        int i;
10       int IsPrime=1;
11       for(i=2;i<x;i++)
12       {
13           if(x%i==0)
14           {        }
15       }
16       if(IsPrime==1)
17       {                                    }
18       else
19       {                                    }
20       goto ag;
21       return 0;
22   }
```

案例 17
程序讲解视频

扫码观看案例 17 程序讲解视频。素数是只能被 1 和自己整除的数，不包括 1，如 2、3、5、7、11、13、17、19……填写任务单 22，补全程序 isprime.cpp，实现程序判断一个数是否为素数的功能。

任务单 22：

程序输出效果：

```
请输入一个数：21
21不是一个素数

请输入一个数：23
23是一个素数

请输入一个数：19
19是一个素数

请输入一个数：■
```

【思考】

1. 该程序输入是哪几行？程序处理是哪几行？程序输出又是哪几行？

2. 根据程序输出效果填写程序的第 8 行、第 14 行、第 17 行和第 19 行。

3. 画出程序第 11～15 行的流程图,说明该程序是如何实现判断一个数是否为素数的。

4. 假如输入值 x＝18,在第 11 行加入一行调试代码 printf("％d\n",i);如下面左图所示,运行程序将结果写下来,分析这个结果,你觉得程序是否可以优化? 比较下面两段程序,分别写出各自运行结果,根据结果你能得到什么结论?

```
7    for(i=2;i<x;i++)
8    {
9        if(x%i==0)
10       {IsPrime=0;
11       printf("%d\n",i); }
12   }
```

```
7    for(i=2;i<x;i++)
8    {
9        if(x%i==0)
10       {IsPrime=0;}
11       printf("%d\n",i);
12   }
```

5. 对程序进行修改,分别运行下面两段程序,输入 18 写下运行的结果。根据程序运行结果你能理解 break 和 continue 的区别吗?

```
7    for(i=2;i<x;i++)
8    {
9        if(x%i==0)
10       {IsPrime=0;
11       continue;
12       }
13       printf("%d\n",i);
14   }
```

```
7    for(i=2;i<x;i++)
8    {
9        if(x%i==0)
10       {IsPrime=0;
11       break;
12       }
13       printf("%d\n",i);
14   }
```

6. 如果要以最快速度判断一个数是否为素数,如何修改程序?

7. 可以将该程序改成主子调用的形式,请补全下面两个程序,并说明两个程序的不同。

```
1    #include <stdio.h>
2
3    int main()
4    {   int x;
5        scanf("%d",&x);
6        if(              ){
7        printf("这是一个素数");}
8        else{
9        printf("这不是一个素数");}
10       return 0;
11   }
12
13   int IsPrime(int a)
14   {
15       int i;
16
17       for(i=2;i<a;i++){
18           if(      ){
19           ret=0;
20
21           }
22       }
23       return ret;
24   }
```

```
1    #include<stdio.h>
2
3    int main()
4    {   int x;
5        printf("Please input a data m=:");
6        scanf("%d",&x);
7
8        return 0;
9     }
10
11   void IsPrime(int a)
12   {
13       int i;
14       int ret=1;
15       for(i=2;i<a;i++){
16           if(      ){
17
18           break;
19           }
20       }
21       if(      ){
22       printf("这是一个素数");}
23       else{
24       printf("这不是一个素数");}
25   }
```

补全:

第 2 行:

第 6 行:

第 16 行:

第 18 行:

第 20 行:

补全:

第 2 行:

第 7 行:

第 16 行:

第 17 行:

第 21 行:

8. 写下右侧程序调试中的报警或错误信息,分析错误原因。

```
1    #include<stdio.h>
2    void IsPrime(int a)
3    {
4        int i;
5        int ret=1;
6        for(i=2;i<a;i++){
7            if(a%i==0){
8            ret=0;
9            break;
10           }
11       }
12   }
13   int main()
14   {   int x;
15       printf("Please input a data m=:");
16       scanf("%d",&x);
17       if(IsPrime(x)==1){
18       printf("这是一个素数");}
19       else{
20       printf("这不是一个素数");};
21       return 0;
22   }
```

4.6.4　完整任务

案例 18
程序讲解视频

1.【案例 18】　200～300 之间不能被 3 和 5 整除的数

扫码观看案例 18 程序讲解视频，编写一个程序 printdata.cpp，可以实现输出 200～300 不能被 3 和 5 整除的数，每行输出 10 个，设计输出格式，使其尽量美观；如果是输出能被 3 或 5 整除的数，程序又该如何修改？效果参照图 4-5 和图 4-6。

```
100 102 105 108 110 111 114 115 117 120
123 125 126 129 130 132 135 138 140 141
144 145 147 150 153 155 156 159 160 162
165 168 170 171 174 175 177 180 183 185
186 189 190 192 195 198 200
```

图 4-5　输出不能被 3 和 5 整除的数

```
101 103 104 106 107 109 112 113 116 118
119 121 122 124 127 128 131 133 134 136
137 139 142 143 146 148 149 151 152 154
157 158 161 163 164 166 167 169 172 173
176 178 179 181 182 184 187 188 191 193
194 196 197 199
```

图 4-6　输出能被 3 或 5 整除的数

2.【案例 19】　任选级数 π 的求解

以下是 π 值展开的各种级数，选择第四种以外的级数，用循环实现求解 π 值。

(1) $\pi=2\times\frac{2}{\sqrt{2}}\times\frac{2}{\sqrt{2+\sqrt{2}}}\times\frac{2}{\sqrt{2+\sqrt{2+\sqrt{2}}}}\times\cdots$

(2) $\frac{\pi}{2}=\frac{2}{1}\times\frac{2}{3}\times\frac{4}{3}\times\frac{4}{5}\times\frac{6}{5}\times\frac{6}{7}\times\cdots$

(3) $\frac{\pi}{2}=1+\frac{1}{3}+\frac{1}{3}\times\frac{2}{5}+\frac{1}{3}\times\frac{2}{5}\times\frac{3}{7}+\cdots$

(4) $\frac{\pi}{4}=1-\frac{1}{3}+\frac{1}{5}-\frac{1}{7}+\frac{1}{9}-\cdots$

(5) $\frac{\pi}{6}=\frac{1}{2}+\frac{1}{2}\times\frac{1}{3\times 2^3}+\frac{1\times 3}{2\times 4}\times\frac{1}{5\times 2^5}+\cdots$

(6) $\frac{\pi^2}{8}=1+\frac{1}{3^2}+\frac{1}{5^2}+\frac{1}{7^2}+\cdots$

3.【案例 20】　求解水仙花数

所谓的“水仙花数”是指一个三位数其各位数字的立方和等于该数本身。扫码观看案例 20 程序讲解视频，编程求解 100～1000 之间所有的水仙花数。图 4-7 所示为求解三位数的水仙花数程序输出效果。

图 4-7 求解三位数的水仙花数程序输出效果

案例 20
程序讲解视频

4. 【案例 21】 求解最大公约数

扫码观看案例 21 程序讲解视频,编写一个程序 com_divisor.cpp,可以实现输入任意两个正整数,求出它们的最大公约数,用辗转相除法来实现。图 4-8 所示为求解任意两个正整数的最大公约数程序输出效果。

图 4-8 求解任意两个正整数的最大公约数程序输出效果

案例 21
程序讲解视频

4.6.5 开放任务

设计一个程序,包含如下知识点:循环语句。完成任务单 23 的填写。

任务单 23:

程序卡片			
姓名		日期	
程序功能			
程序输入: 变量类型和含义			
流程图和 主要代码			

续表

程序输出	
用到的知识点	

4.7　学习评价

4.7.1　课后练习

1. 下面这段程序的运行结果为(　　)。

A. 012　　　　　　B. 123　　　　　　C. 1234　　　　　　D. 0123

```
#include<stdio.h>
main()
{int num=0;
while(num<=2){num++;printf("%d",num);}
}
```

2. 下面这段程序的运行结果为(　　)。

A. 3,7　　　　　　B. 4,7　　　　　　C. 4,4　　　　　　D. 3,4

```
#include<stdio.h>
main()
{int sum=10,n=1;
while(n<=3){sum=sum-n;n++;}
printf("%d,%d",n,sum);
}
```

3. 若从键盘输入23,则下面这段程序的运行结果为(　　)。

A. 23　　　　　　B. 32　　　　　　C. 320　　　　　　D. 230

```
#include<stdio.h>
main()
{int num,c;
scanf("%d",&num);
do{c=num%10;printf("%d",c);}while((num/=10)>0);
}
```

4. 若输入的值为 1,则下面这段程序的运行结果为(　　)。

A. 2,1　　　　　　B. 2,2　　　　　　C. 2,3　　　　　　D. 3,2

```
#include<stdio.h>
main()
{int s=0,a=5,n;
scanf("%d",&n);
do{s+=1;a=a-2;}while(a!=n);
printf("%d,%d\n",s,a);
}
```

5. 若从键盘输入 5,则下面这段程序的运行结果为(　　)。

A. 1　　　　　　　B. 2　　　　　　　C. 10　　　　　　　D. 0

```
#include<stdio.h>
main()
{int a=1,b=0;
scanf("%d",&a);
switch(a)
{case 1:b=1;break;
case 2:b=2;break;
default:b=10;}
printf("%d",b);
}
```

6. 下面这段程序的运行结果为(　　)。

A. 70-80　60-70　　　　　　　　　　B. 70-80

C. 80-90　70-80　60-70　　　　　　D. error!

```
#include<stdio.h>
main()
{char grade='C';
switch(grade)
{
case'A':printf("90-100\n");
case'B':printf("80-90\n");
case'C':printf("70-80\n");
case'D':printf("60-70\n");break;
case'E':printf("<60\n");
default:printf("error!\n");}
}
```

7. 下面这段程序的运行结果为(　　)。

A. 852-1　　　　　　B. 853　　　　　　C. 963　　　　　　D. 9630

```
#include<stdio.h>
main()
```

```
{int y=9;
for(;y>0;y--)
if(y%3==0)
{printf("%d",--y);}
}
```

8. 下面这段程序的运行结果为(　　)。

A. 65　　　　　　　　B. 55　　　　　　　　C. 45　　　　　　　　D. 56

```
#include<stdio.h>
main()
{int i,sum=0;i=1;
do{sum=sum+i;i++;}while(i<=10);
printf("%d",sum);
}
```

9. 下面这段程序的运行结果为(　　)。

A. 121347411　　B. 12123535　　C. 12358132134　　D. 123285135

```
#include<stdio.h>
#define N 4
main()
{int i;
int x1=1,x2=2;
for(i=1;i<=N;i++)
{printf("%d%d",x1,x2);
if(i%2==0)
x1=x1+x2;
x2=x2+x1;
}
}
```

10. 下面这段程序的运行结果为(　　)。

A. x=-1,y=12　　B. -112　　　　C. x=0,y=12　　D. 012

```
#include<stdio.h>
main()
{int x,y;
for(x=30,y=0;x>=10,y<10;x--,y++)
x/=2,y+=2;
printf("x=%d,y=%d\n",x,y);
}
```

11. 运行下面这段程序后,如果从键盘上输入65　14<回车>,则输出结果为(　　)。

A. m=0　　　　　　　B. m=1　　　　　　　C. m=2　　　　　　　D. m=3

```
int main(void){
  int m,n;
```

```
    printf("Enter m,n;");
    scanf("%d%d",&m,&n);
    while(m!=n){
        while(m>n)m=m-n;
        while(n>m)n=n-m;
    }
    printf("m=%d\n",m);
    return 0;
}
```

12. 下列条件语句中,功能与其他语句不同的是(　　)。

A. if(a)printf("%d\n",x);else printf("%d\n",y);

B. if(a==0)printf("%d\n",y);else printf("%d\n",x);

C. if(a!=0)printf("%d\n",x);else printf("%d\n",y);

D. if(a==0)printf("%d\n",x);else printf("%d\n",y);

4.7.2　自评和周记

根据评价量表认真填写前面的任务单,自评学习成果,并填写 4F 周记。

4F 周记			
1. 学会的 facts (1) 知识点思维导图; (2) 程序卡片; (3) 梳理概念之间的关系,形成概念图	2. 情绪 feelings (1) 正面情绪 1～2 个词,分析该情绪产生的原因; (2) 负面情绪 1～2 个词,分析该情绪产生的原因	3. 发现 findings (1) 清楚学习任务和评价标准吗? (2) 分析情绪产生的原因后,有什么发现? (3) 分析自己是如何写出程序的? (4) 需要什么帮助	4. 计划 futures 针对前面 3 个 F 的分析,你觉得自己的学习方法是高效的吗?学习有成就感吗?针对自己的情况在下周的学习中准备有什么行动或调整,写出较详细的计划

学习单元五　多层循环应用

5.1　单元描述

在之前的学习单元中，大家已经掌握了如何使计算机根据特定条件执行各种计算。例如，通过循环计算 1 到 100 的和，每次循环中，表达式 sum＝sum＋i 虽然形式相同，但每次循环中的 sum 和 i 的值都会发生变化，从而实现了求和的目的。在使用循环语句时，关键在于准确分析出循环的四个关键要素：循环变量的初始值、循环条件、循环体中的表达式以及循环增量。一旦明确了这四个要素，我们就可以通过 for 语句、while 语句和 do-while 语句等结构来编写循环代码，解决各种实际问题。例如，我们可以利用循环语句计算不同利率下的存款余额，根据级数规律计算不同精度的 π 值，利用牛顿迭代法求解一元多次方程，或者判断一个数是否为素数等。

在编写循环程序时，除了正确运用循环结构（即语法知识）外，找到解决问题的算法同样至关重要。比如计算 π 值，我们需要知道 π 值展开的级数；求解一元多次方程，则需要了解牛顿迭代法；判断一个数是否为素数，则采用遍历法，判断该数是否只能被 1 和自身整除；找出三位数的水仙花数，也运用了遍历法。因此，程序是由算法和语法共同实现的。随着学习的深入，我们会发现算法变得越来越复杂，有些问题可能只需一层循环就能解决，而有些问题则需要多层循环才能实现。本单元在上一单元的基础上进行了进一步的拓展，比如输出指定范围内的所有素数，根据数的位数输出相应的自幂数（三位数的自幂数称为水仙花数，四位数的自幂数称为四叶玫瑰数，五位数的自幂数称为五角星数等），以及大家熟知的九九乘法表，这些都需要使用两层循环来实现。

这就是本单元的学习内容。通过本单元的学习，你将能够轻松编写任务单中的程序，这些程序具有一些共同特点：数据量适中，采用正常层级（两层或多层循环），结构复杂（包含顺序、选择和循环），初始状态灵活设置，且经过单元化处理的程序设计。希望通过本单元的学习，同学们能够熟练掌握循环指令的用法和常用算法，进一步提升自己的逻辑思维能力！

学习之路，贵在坚持。让我们继续前行，不断探索和挑战自我！

5.2　单元目标

（1）通过学习，能够用自己的话描述如下规则或算法：

①循环的嵌套；

②自幂数的特点；

③break 跳出多层循环的用法。

（2）应用学到的概念和规则，编写程序以解决如下问题：

①能应用多层循环编写输出某个范围内素数的程序，以主子程序调用的形式实现；

②能应用多层循环编写分解素数的程序，以主子程序调用的形式实现；

③能应用多层循环编写不同自幂数的程序，以主子程序调用的形式实现；

④能应用多层循环输出九九乘法表程序，以主子程序调用的形式实现；

⑤能应用多层循环编写用硬币分解一定数额面值的程序，以主子程序调用的形式实现；

⑥能应用多层循环编写汉诺塔递归程序，以主子程序调用形式实现。

（3）在学习过程中，培养高效学习方法和自我引导学习习惯，主要体现在：

①能认真细致地填写程序卡片，严谨细致编写程序，添加合适的注释，遵循可读性强的编程风格；

②遇到困难不轻易放弃，能主动跟同学和老师交流学习疑难问题；

③能察觉学习过程中自己的情绪，能自我排查不良情绪，积极调整心态，进一寸有得一寸的欢喜；

④能承担起小组角色和责任，认真聆听组员的发言，体察他人的情绪，积极参与小组任务，互相学习，共同进步；

⑤能根据任务书和量表，自评知识点和程序编写的掌握情况，清楚自己的学习进展，根据自己的进度合理安排学习计划，在这个过程中能主动寻找资源和帮助，培养自学能力和合作能力。通过自我监控学习过程，逐渐培养自我引导的学习习惯。

5.3 任务列表

在电脑上下载并安装 DEV-C 软件，同时在手机端下载 C 语言编译 App。

学习单元五　任务书				
小组序号和名称		组内角色		
小组成员				
准备任务				
1. 完成上个学习单元的任务书				
2. 完成上个学习单元的作业				
3. 完成上个学习单元的 4F 周记				
实践任务				
概念或原理	根据量表自评	编程任务	任务类型	根据量表自评
1. 循环的嵌套		1. 输出 m*n 矩阵 *	任务呈现	
2. 自幂数的特点		2. 输出双层循环	任务呈现	

概念或原理	根据量表自评	编程任务	任务类型	根据量表自评
3. 多层循环跳出		3. 输出 sum＝1！＋2！＋…	任务呈现	
4. 主子程序的应用		4. 输出矩形星号阵列	任务示范	
		5. 输出双层循环	任务示范	
		6. 输出 sum＝1！＋2！＋…	任务示范	
		7. 输出某个范围内的素数	任务示范	
		8. 输出不同位数的自幂数	任务示范	
		9. 九九乘法表	任务示范	
		10. 硬币分解	任务示范	
		11. 分解素数和	补全任务	
		12. 可变长度乘法表	补全任务	
		13. 输出星三角	补全任务	
		14. 输出任意两个数之间素数的个数	完整任务	
		15. 输出任意形状的星矩形	完整任务	
		16. 输出任意形状的星平行四边形	完整任务	
		17. 输出任意高度的星菱形	完整任务	
编程过程中遇到的故障记录				

续表

总结专业英文词汇

概念关系图

5.4 评价量表

	完全掌握—A	基本掌握—B	没有掌握—C
知识点评分量规	能画出每个知识点的思维导图； 能找出相关知识点的关联； 能正确完成专项训练并且说明理由； 错误程序都能修改正确	能画出每个知识点的思维导图； 知识点的关联不太清楚； 专项训练少量题目不会做	知识点内容不太熟悉； 专项训练作业只会做少部分； 不清楚知识点之间的关联
	完全掌握—A	基本掌握—B	没有掌握—C
程序技能评分量规	能独立写出程序，理解每一行代码的含义； 能正确画出程序流程图； 能正确填写变量表； 程序结构很清晰； 程序有必要注释	在同学或老师的帮助下： 能正确编写程序，基本可以看懂程序； 能正确画出程序流程图； 能正确填写变量表； 程序结构较清晰； 程序有少部分注释	看不懂程序，也没有主动寻求帮助； 程序结构不清晰； 程序没有注释

5.5　小 组 分 工

班级			组号		指导老师	
组长			学号			
组员分工	任务分工			姓名	学号	
	绘制知识点思维导图					
	绘制程序框图					
	编写程序					
	记录调试故障					
	记录专英词汇					
	制作学习过程视频					
	分享小组学习成果					

5.6　学 习 过 程

5.6.1　任务呈现

1.【案例 1】　输出 m * n 矩阵 *

```
1   #include <stdio.h>
2   int main()
3   {
4       int n,m,t;
5       scanf("%d %d",&n,&m);
6       t=m;
7       for(;n>0;n--) {
8           m=t;
9           for(;m>0;m--){
10              printf("*");
11              printf("\n");
12          }
13      }
14      return 0;
15  }
```

案例 1
程序讲解视频

扫码观看案例 1 程序讲解视频,填写任务单 1。

任务单1：

1. 从键盘输入5　10按回车键	程序结果：
2. 本程序有一个双重循环,画出内循环和外循环对应的{}	

2.【案例2】　输出双层循环

```
1   #include <stdio.h>
2   int main()
3   {
4       int i,j,n;
5   ag: printf("\n请输入n的值: ");
6       scanf("%d",&n);
7       for(i=1;i<=n;i++)
8           for(j=1;j<=n;j++)
9               printf("i=%d,j=%d:\n",i,j);
10      goto ag;
11      return 0;
12  }
```

分析案例2程序,填写任务单2。

任务单2：

1. 从键盘输入3按回车键	程序结果：
2. 本程序有一个双重循环,画出内循环和外循环对应的{}	

3.【案例3】　输出 sum＝1！＋2！＋…

```
1    #include <stdio.h>
2    int main()
3    {
4        int i,j,n;
5    ag:  long p,sum=0;
6        printf("\n请输入n的值： ");
7        scanf("%d",&n);
8        for(i=1;i<=n;i++){
9            p=1;
10           for(j=1;j<=i;j++){
11               p=p*j;
12               }
13               sum=sum+p;
14       }
15       printf("sum=1! +...+%d!=%ld:\n",n,sum);
16       goto ag;
17       return 0;
18   }
```

分析案例3程序,填写任务单3。

任务单3:

1. 从键盘输入3按回车键	程序结果:
2. 本程序有一个双重循环,画出内循环和外循环对应的{}	

比较案例1~案例3,填写任务单4。

任务单4:

程序结构分析	案例1	案例2	案例3
程序功能	无		
预处理	第1行		

程序结构分析	案例1	案例2	案例3
主程序框架	2、3、14、15		
变量定义	4		
变量输入和初始化	5、6		
数据处理	7～13		
结果输出	10、11		

循环语句格式	for(;;){
	　…;
	　for(;;){
	　}
	}		

循环语句特点	双层循环		
重复输入	无		
说明	这里列举的3个案例,都用到了双层循环语句,当循环有嵌套的时候一定要注意{}的书写位置,{}会改变循环语句的执行情况,正确地书写{}有助于他人理解程序		

4. 本单元程序结构

本单元的程序具备如下特点:处理的数据是基本数据类型,数量不多,变量的初始状态不再是给定的,而是可以通过键盘输入,这样更灵活。程序结构较前一个单元难度继续增加,不仅有循环执行语句,循环语句还嵌套了循环,因此程序的逻辑也进一步复杂,增加到二至三层,用到循环的嵌套,程序的变化更加丰富,实现的功能更加多样。本单元的程序结构如图 5-1 所示。

```
1    #include <stdio.h>      //链接部分
2    int main()
3    {
4    //******** 声明部分 **********
5        int n,m,t;
6        scanf("%d %d",&n,&m);
7    //******** 执行部分 **********
8        ;
9        for(;;){
10           ;
11           for(;;){
12               ;
13           }
14       }
15   //******** 输出部分 **********
16       printf(      );
17       return 0;
18   }
```

图 5-1　本单元的程序结构

5.6.2　任务示范

1.【案例4】　输出矩形星号阵列

```
1   #include <stdio.h>
2   int main()
3   {
4       int n,m,t;
5       scanf("%d %d",&n,&m);
6       t=m;
7       for(;n>0;n--) {
8           m=t;
9           for(;m>0;m--){
10              printf("*");
11          }printf("\n");
12      }
13      return 0;
14  }
```

扫码观看案例4程序讲解视频,填写任务单5。

任务单5:

1. 变量 m 和 n 的作用是什么?

2. 第6行和第8行可以去掉吗? 去掉后会有什么效果? 变量 t 的作用是什么?

3. 本程序有一个双重循环,如果输入 m=3,n=2,填写执行过程表格:

循环轮次	中间变量 t	内循环 m		外循环 n		输出结果
		初值	新值	初值	新值	
初值	3	3		2		
第1次循环	3	3	2	2	2	
第2次循环	3	2	1	2	2	
第3次循环	3	1	0	2	1	
第4次循环		3	2	1	1	
第5次循环		2	1	1	1	
第6次循环		1	0	1	0	

4. 把第 11 行的 printf("\n")分别移到 11 行}的左边和 12 行}的右边,程序结果会有什么不同?

2.【案例 5】 输出双层循环

```
1  #include <stdio.h>
2  int main()
3  {
4      int i,j,n;
5  ag: printf("\n请输入n的值: ");
6      scanf("%d",&n);
7      for(i=1;i<=n;i++)
8          for(j=1;j<=n;j++)
9              printf("i=%d,j=%d:\n",i,j);
10     goto ag;
11     return 0;
12 }
```

分析案例 5 程序,填写任务单 6。

任务单 6:

1. 变量 i、j、n 的作用是什么?

2. 本程序有一个双重循环,如果输入 n＝3,填写执行过程表格:

循环轮次	中间变量 n	内循环 j		外循环 i		输出结果
		初值	新值	初值	新值	
初值	3	1		1		
第 1 次循环	3	1	2	1	1	i＝1,j＝1
第 2 次循环	3	2	3	1	1	i＝1,j＝2
第 3 次循环	3	3		1		i＝1,j＝3
第 4 次循环						
第 5 次循环						
第 6 次循环						
第 7 次循环						
第 8 次循环						
第 9 次循环						

3. 如果要给双层循环加上{},应该怎么添加?

【概念规则】　循环的嵌套

在 C 语言中,允许循环进行嵌套,也就是说一条 for 语句可以位于另一条 for 语句中。例如,两个 for 循环可以如下嵌套:

```
1   #include <stdio.h>
2   int main()
3   {
4       int i,j;
5       for(i=1;i<10;i++)
6       {
7           -------;
8           for(j=1;j!=5;j++)
9           {
10              -----;
11              -----;
12          }
13          -----;
14      }
15      return 0;
16  }
```

缩排　　　　　　　　　　　　　　　　　　　内部循环　外部循环

可以根据需要嵌套多条 for 语句。

注意:循环应正确地缩排,以便读者能容易确定 for 语句包含了哪些语句。ANSI C 语言最多允许有 15 层嵌套。

【专项训练】　指出下列双层循环的书写不规范之处,并分析输出结果,填写任务单 7。

任务单 7:

程序	不规范之处,分析输出结果
| ```
1   #include <stdio.h>
2   int main()
3   {
4       int i,j;
5       for(i=1;i<6;i++)
6       {
7       for(j=1;j<=i;j++)
8       {
9       putchar('*');
10      }
11      putchar('\n');
12      }
13      return 0;
14  }
``` | |
```

3.【案例 6】 输出 sum＝1！＋2！＋…

```
1   #include <stdio.h>
2   int main()
3   {
4       int i,j,n;
5   ag: long p,sum=0;
6       printf("\n请输入n的值: ");
7       scanf("%d",&n);
8       for(i=1;i<=n;i++){
9           p=1;
10          for(j=1;j<=i;j++){
11              p=p*j;
12          }
13          sum=sum+p;
14      }
15      printf("sum=1! +...+%d!=%ld:\n",n,sum);
16      goto ag;
17      return 0;
18  }
```

分析案例 6 程序,填写任务单 8。

任务单 8:

1. 变量 i、j、n、p、sum 的作用是什么?

2. 第 9 行可以去掉吗? 去掉会有什么效果? 变量 p 的作用是什么?

3. 本程序有一个双重循环,如果输入 n＝4,填写执行过程表格:

循环轮次	i	j	内循环 p	外循环 sum 初值	外循环 sum 新值
初值	1	1	1	0	
第 1 次循环	1	1	1(1!)	0	1
第 2 次循环	2	1	1		
第 3 次循环		2	2(2!)	1	3(1! ＋2!)
第 4 次循环	3	1	1		
第 5 次循环		2	2		
第 6 次循环		3	6(3!)	3	9
第 7 次循环	4	1	1		
第 8 次循环		2	2		
第 9 次循环		3	6		
第 10 次循环		4	24(4!)	9	33

4.【案例7】 输出某个范围内的素数

```
1   #include <stdio.h>
2   int main()
3   {   int x,cnt=0;
4       for(x=2;x<100;x++)
5        { int i;
6          int IsPrime=1;
7          for(i=2;i<x;i++)
8          {
9              if(x%i==0)
10             {IsPrime=0;
11              break;
12             }
13         }
14         if(IsPrime==1)
15         {printf("%2d ",x);
16          cnt++;
17          if(cnt%5==0)printf("\n");}
18       }
19       return 0;
20   }
```

案例7
程序讲解视频

扫码观看案例 7 程序讲解视频,填写任务单 9。

任务单 9:

1. 该程序有几个变量? 分析这些变量的含义和类型。

2. 该程序输入是哪几行? 程序处理是哪几行? 程序输出又是哪几行?

3. 分析第 4~18 行,这段程序包含了一个双重循环,请问内循环是哪部分? 这部分一共有 4 对大括号,请你写出配对括号的行号。

4. 第 11 行的作用是什么? 在多层循环程序中,break 是跳出整个循环还是一层循环?

5. 第 14~18 行程序段的功能是什么?

6. 本程序有一个双重循环,执行过程见下表,已经填写了 x=2,3,4,5 时的执行过程,分析这个过程,并填写 x=7 时的执行过程。

循环轮次	外循环 x	内循环		中间变量		输出
	x	i	x%i	IsPrime	cnt	
初值					0	
第 1 次循环	2	2		1	1	2
第 2 次循环	3	2	1	1	2	3
第 3 次循环	4	2	0	0		
第 4 次循环	5	2	1	1		
第 5 次循环	5	3	2	1		
第 6 次循环	5	4	1	1	3	5
第 7 次循环	6	2	0	0		
第 8 次循环	7					
第 9 次循环	7					
第 10 次循环	7					
第 11 次循环	7					
第 12 次循环	7					

7. 画出程序流程图,分析该程序的编程思路。

8. 修改程序,实现输出从 2 开始的 50 个素数,每行显示 5 个。

5.【案例 8】　输出不同位数的自幂数

案例 8
程序讲解视频

```
1   #include<stdio.h>
2   #include<math.h>
3   int main()
4   {
5   ag: int n,num=0, i, temp,flag, sum=0;
6       printf("请输入所要求的自幂数位数\n");
7       printf("为防止计算时间太长建议(1<=n<=7):");
8       scanf("%d",&n);
9       flag=pow(10,n);
10      for(i=flag/10;i<flag;i++){ //从10的n-1次方到10的n次方里找n位的水仙花数
11          sum=0; //计数清零
12          temp=i; //临时数,用来替代i进行计算
13           while(temp!=0){ //当临时数没变成0时执行循环
14              sum+=pow((temp%10),n); //取个位的数进行n次方,累加进sum
15              temp/=10; //去掉目前temp的个位
16          }
17          if(sum==i){ //循环过后,累加的sum值等于原值的话,满足水仙花数条件,输出数字
18              num++; //计算当前水仙花数个数
19              printf("第%d个%d位数自幂数是%d\n",num,n,i);
20          }
21      }
22      printf("%d位数自幂数有%d个\n\n",n,num);
23      goto ag;
24      return 0;
25  }
```

扫码观看案例 8 程序讲解视频,填写任务单 10。

任务单 10：

1. 该程序有几个变量? 分析这些变量的含义和类型。

2. 该程序输入是哪几行? 程序处理是哪几行? 程序输出又是哪几行?

3. 分析第 10～21 行,这段程序包含了一个双重循环,请问内循环是哪部分? 这部分一共有 3 对大括号,请你写出配对括号的行号。

4. 第 2 行和第 9 行的关系是什么?

5. 本程序有一个双重循环,执行过程见下表,已经填写了 n＝3 时的执行过程,分析这个过程,并填写 x ＝7 时的执行过程。

循环轮次	外循环 x	内循环 3 次		中间变量		输出
	i	temp	sum	n	flag	num
初值			0	3		0
第 1 次循环末	100	100	1	3	1000	0
第 2 次循环末	101	101				
⋮						
第 154 次循环末	153	153				
⋮						
第 370 次循环末						
第 371 次循环末						
第 372 次循环末						
⋮						
第 408 次循环末						
⋮						
最后一次循环	999					

6. 画出程序流程图,分析该程序的编程思路。

7. 将程序改写成主子程序调用的形式,补全下列程序的第 2、3、10、11、17、21、27、30 行。

```
1   #include<stdio.h>
2
3
4   int main()
5   {
6       int n,flag;
7   ag: printf("请输入所要求的自幂数位数\n");
8       printf("为防止计算时间太长建议(1<=n<=7):");
9       scanf("%d",&n);
10
11      printf("%d位数自幂数有%d个\n\n",           );
12      goto ag;
13      return 0;
14  }
15  int zimi(int flag,int n)
16  {
17
18      for(i=flag/10;i<flag;i++){ //从10的n-1次方到10的n次方里找
19          sum=0; //计数清零
20          temp=i; //临时数, 用来替代i进行计算
21          while(      ){ //当临时数没变成0时执行循环
22              sum+=pow((temp%10),n); //取个位的数进行n次方, 累加进sum
23              temp/=10; //去掉目前temp的个位
24          }
25          if(sum==i){ //循环过后, 累加的sum值等于原值的话
26              cnt++;
27              printf("第%d个%d位数自幂数是%d\n",      );
28          }
29      }
30      return (    );
31  }
```

8. 主程序的变量有几个? 子程序的变量有几个? 说明用主子程序调用的好处。

6.【案例 9】　九九乘法表

案例 9
程序讲解视频

```
1   #include "stdio.h"
2   int main()
3   {
4       int i,j;
5       printf("%4c",'*');
6       for(i=1;i<=9;i++){ printf("%4d",i); } //打印行
7       printf("\n");
8       for(i=1;i<=9;i++){
9           printf("%4d",i);          //执行9次
10          for(j=1;j<=9;j++){         //执行9*9次
11              if(j>=i){ printf("%4d",i*j); }
12              else{ printf("%4c",' '); } //注意要退格
13          }
14          printf("\n");
15      }
16  }
```

扫码观看案例 9 程序讲解视频,填写任务单 11。

任务单 11:

1. 该程序有几个变量? 分析这些变量的含义和类型。

2. 该程序输入是哪几行? 程序处理是哪几行? 程序输出又是哪几行?

3. 分析第 8~15 行,这段程序包含了一个双重循环,请问内循环是哪部分? 这部分一共有 4 对大括号,请你写出配对括号的行号。在这个双重循环里,内循环包含了一个复合语句,请分析这个复合语句的作用。

4. 第 5 行和第 6 行的作用是什么? 若将第 6 行放在第 5 行大括号里,结果会有影响吗?

5. 本程序有一个双重循环,执行过程见下表,分析这个过程,并填写表格。

循环轮次	外循环 x	内循环 j	输出
	i	j	num
初值			
第 1 次循环	1	1	1(i * j)
第 2 次循环	1	2	空格
⋮			
第 9 次循环	1	9	空格
第 10 次循环	2	1	
第 11 次循环	2		
第 12 次循环	2		
第 13 次循环	2		
第 14 次循环	2		
第 15 次循环	2		
⋮			
第 18 次循环	2		
最后一次循环			

续表

6. 画出程序流程图,分析该程序的编程思路。

7.【案例 10】　硬币分解

```
1   #include <stdio.h>
2   int main()
3   {   int x;
4       scanf("%d",&x);
5       int one,two,five;
6       for(one=1;one<10*x;one++){
7           for(two=1;two<10*x/2;two++){
8               for(five=1;five<10*x/5;five++) {
9                   if(one+two*2+five*5==x*10){
10                      printf("可以用%d个一角和%d个两角和%d个五角组成%d元\n",one,two,five,x);
11                  }
12              }
13          }
14      }
15      return 0;
16  }
```

扫码观看案例 10 程序讲解视频,分析该程序是如何用 1 角、2 角和 5 角的硬币凑出 10 元以下的金额,填写任务单 12。

任务单 12:

1. 程序有几个变量?分析这些变量的类型和含义。

2. 程序处理部分是从第几行到第几行?这部分是几层循环嵌套?在程序中标出一对的正反大括号。

3. 运行程序,从键盘输入 2,看看结果有多少种可能性。

4. 如果找到一种凑硬币的方法就结束整个程序,该如何修改? 下面给出了四种修改形式,运行程序,分析四种情况的不同之处:

　　(1) 第 11 行右括号里面加上 break;

　　(2) 第 12 行右括号外面加上 break;

　　(3) 第 13 行右括号外面加上 break;

　　(4) 第 14 行右括号外面加上 break;

　　从上述四种情况你发现了什么规律?

5. 上面四种情况能实现只要找到一种凑硬币的方法就结束程序吗? 如果不行,运行下面两个程序,写出运行结果,对比运行结果有什么不同,分析跳出多层循环的 break 用法。

```
1  #include <stdio.h>
2  int main()
3  { int x;
4      printf("请输入金额: ");
5      scanf("%d",&x);
6      int one,two,five;
7      for(one=1;one<10*x;one++){
8          for(two=1;two<10*x/2;two++){
9              for(five=1;five<10*x/5;five++) {
10                 if(one+two*2+five*5==x*10){
11                     printf("可以用%d个一角和",one);
12                     printf("%d个两角和%d个五角",two,five);
13                     printf("组成%d元\n",x);
14                     break;
15                 }}
16             break;}
17         break;}
18     return 0;
19 }
```

```
1  #include <stdio.h>
2  int main()
3  { int x,exit=0;
4      printf("请输入金额: ");
5      scanf("%d",&x);
6      int one,two,five;
7      for(one=1;one<10*x;one++){
8          for(two=1;two<10*x/2;two++){
9              for(five=1;five<10*x/5;five++) {
10                 if(one+two*2+five*5==x*10){
11                     printf("可以用%d个一角和",one);
12                     printf("%d个两角和%d个五角",two,five);
13                     printf("组成%d元\n",x);
14                     exit=1;}if(exit==1)break;
15             }if(exit==1)break;
16         }if(exit==1)break;//
17     }
18     return 0;
19 }
```

【小提示】　break 只能跳出本层循环,如果有多层循环,需要多个 break,并且要设置变量,使得内层 break 触发外层循环的 break。

5.6.3　补全任务

1.【案例 11】　分解素数和

```
1    #include <stdio.h>
2    int main()
3    {
4        int x,y,i,j,a;
5    ag:
6        scanf("%d",&a);
7        for(x=2;x<a;x++){
8
9
10           y=a-x;
11           for(i=2;i<x;i++){
12               if(x%i==0){
13               IsPrime1=0;break;
14               }
15           }
16           for(j=2;j<y;j++){
17               if(y%j==0){
18               IsPrime2=0;break;
19               }
20           }
21           if(                    )
22           {printf("%d=%d+%d\n",a,x,y);}
23           }
24       goto ag;
25       return 0;
26   }
```

案例 11
程序讲解视频

扫码观看案例 11 程序讲解视频,参照输出某个范围内的素数程序,补全将一个数分解为两个素数和的程序代码,并填写任务单 13。

任务单 13:

输出结果如下:

1. 该程序有几个变量？分析这些变量的含义和类型。

2. 补全第 5 行、第 8 行、第 9 行、第 21 行。

3. 画出程序流程图，分析该程序的编程思路。

4. 发现有些答案是重复的，只是换了一个顺序，修改程序，实现下面所示的输出结果。

```
请输入一个数：33
33=2+31

请输入一个数：21
21=2+19

请输入一个数：50
50=3+47
50=7+43
50=13+37
50=19+31

请输入一个数：
```

5. 第 11～15 行和第 16～20 行的代码是雷同的,用主子程序调用的方式改写该程序,补全如下程序的第 2 行、第 12 行、第 13 行、第 20 行和第 30 行。

```
1   #include <stdio.h>
2
3   int main()
4   {
5       int x,y,a;
6   ag: printf("\n请输入一个数: ");
7       scanf("%d",&a);
8       for(x=2;x<a;x++){
9           int IsPrime_x=1;
10          int IsPrime_y=1;
11          y=a-x;
12
13
14          if((IsPrime_x==1)&&(IsPrime_y==1))
15          {printf("%d=%d+%d\n",a,x,y);}
16          }
17      goto ag;
18      return 0;
19  }
20
21  int IsPrime(int x)
22  {
23      int i;
24      int Prime1=1;
25      for(i=2;i<x;i++){
26          if(x%i==0){
27              Prime1=0;break;
28              }
29          }
30      return(     );
31  }
```

2.【案例 12】 可变长度乘法表

```
1   #include<stdio.h>
2   int main()
3   {   int i,j,n;
4   ag: printf("请输入乘法表的宽度: ");
5                                   //补全
6       for(i=1;    ;i++)           //补全
7       {
8         for(j=1;j<=i;j++)
9         {
10            printf(              );//补全
11          }
12      }                           //补全
13      }                           //补全
14                                  //补全
15      goto ag;
16  }
```

参照案例 9,分析案例 12 程序,填写任务单 14。

任务单14：

输出结果如下：

```
请输入乘法表的宽度：3
1*1=1
2*1=2    2*2=4
3*1=3    3*2=6    3*3=9

请输入乘法表的宽度：4
1*1=1
2*1=2    2*2=4
3*1=3    3*2=6    3*3=9
4*1=4    4*2=8    4*3=12   4*4=16

请输入乘法表的宽度：■
```

1. 根据输出结果补全程序的第5行、第6行、第10行、第12行和第14行。

2. 说明变量 a、b、i 的作用。

3. 画出程序流程图，分析该程序的编程思路。

4. 用主子程序调用的方式改写该程序，补全如下程序的第2行、第6行、第11行、第18行和第19行。

```c
1    #include<stdio.h>
2
3    int main()
4    {    int i;
5    ag: printf("\n请输入乘法表的宽度：");
6
7        muti(i);
8        goto ag;
9    }
10
11       muti(    )
12   {
13       int a,b;
14       for(a=1;a<=1;a++)
15       {
16         for(b=1;b<=a;b++)
17         {
18            if(b<a)printf(               );
19            else printf(           );
20         }
21       }
22   }
```

3.【案例 13】　输出星三角

```
1  #include <stdio.h>
2  int main()
3  {
4      int x,y,i;
5      for(x=0;x<6;x++)
6      { for (y=0;      ;y++)
7          {printf(" ");
8          }
9       for(i=0;      ;i++)
10          {printf("*");
11          }
12
13      }
14  }
```

分析案例 13 程序,编写一个程序 star.cpp,输出如下形状的星三角,填写任务单 15。

任务单 15:

输出结果如下:

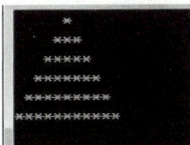

1. 分析每行空格的个数和星星的个数,说明变量 x、y、i 的作用。

行数 a	空格的个数 b	星星的个数 c
1	5	1
2	4	3
3		
4		
5		
6		
a	b＝f(a)＝?	c＝f(a)＝?

2. 根据输出结果补全程序的第 6 行、第 9 行和第 12 行。

3. 按如下所示修改程序,实现根据输入高度输出大小不同的星三角,请补全程序的第 8 行和第 10 行。

```c
1  #include <stdio.h>
2  int main()
3  {
4      int x,y,i,a;
5      printf("请输入星星的高度:") ;
6      scanf("%d",&a);
7      for(x=0;x<a;x++)
8      { for (           ) {
9          printf(" ");}}
10         for(            ){
11             printf("*");}}
12     printf("\n");
13     }
14 }
```

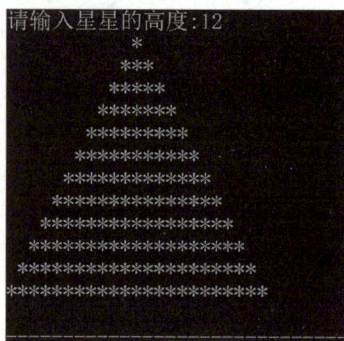

请输入星星的高度:12

5.6.4　完整任务

1.【案例 14】　输出任意两个数之间素数的个数

扫码观看案例 14 程序讲解视频,编写一个程序 Numpria_b.cpp,用主子程序调用的方式,实现输出任意两个数之间素数的个数,任意两个数从键盘输入,程序输出效果如图 5-2 所示。

Please input two data(逗号间隔) :34,56
34--56之间素数个数为5个。

Please input two data(逗号间隔) :34,900
34--900之间素数个数为143个。

Please input two data(逗号间隔) :

案例 14
程序讲解视频

图 5-2　案例 14 程序输出效果

2.【案例 15】　输出任意形状的星矩形

编写一个程序 print_rectangle.cpp,用主子程序调用的方式,实现输出任意形状的星矩形,星矩形的长和宽从键盘输入,程序输出效果如图 5-3 所示。

3.【案例 16】　输出任意形状的星平行四边形

编写一个程序 print_parallelogram.cpp,用主子程序调用的方式,实现输出任意形状的星平行四边形,星平行四边形的行和列从键盘输入,程序输出效果如图 5-4 所示。

4.【案例 17】　输出任意高度的星菱形

编写一个程序 print_rhombus.cpp,用主子程序调用的方式,实现输出任意高度的星菱形,菱形的半高从键盘输入,程序输出效果如图 5-5 所示。

```
请输入矩形长和宽（空格隔开）：10 3
**********
**********
**********
```

图 5-3　案例 15 程序输出效果

```
请输入平行四边形的行和列(空格隔开)：10 3
**********
 **********
  **********
```

图 5-4　案例 16 程序输出效果

```
请输入菱形的半高：4
   *
  ***
 *****
*******
*******
 *****
  ***
   *
```

图 5-5　案例 17 程序输出效果

5.6.5　开放任务

设计一个程序，包含如下知识点：循环语句。填写任务单 16。

任务单 16：

程序卡片			
姓名		日期	
程序功能			
程序输入： 变量类型和含义			
流程图和 主要代码			
程序输出			
用到的知识点			

5.7 学习评价

5.7.1 课后练习

1. 请分析下列程序输出结果

(1)
```c
#include<stdio.h>
main()
{
  int i,j,s=0,m=0;
  printf("Enter i and j:");
  scanf("%d %d",&i,&j);
  while(i!=j)
  {
    while(i>j)
    {
      s+=i+j;
      i--;
    }
    while(i<j)
    {
      m=i+j;
      i++;
    }
  printf("s=%d m=%d",s,m);
  }
}
```
输入数据10,5
输出数据为_____。

(2)以下程序运行的结果是_____。
```c
#include<stdio.h>
#include<math.h>
main()
{int i,k,m,n=0;
  for(m=1;m<=10;m+=2)
  {  if(n%10==0)printf("\n");
    k=sqrt(m);
```

```
    for(i=2;i<=k;i++)
      if(m%i==0)break;
      if(i>k)
        {printf("%2d",m);
        n++;}
    }
}
```

2. 根据程序功能填空

(1) 读入一个 1 到 9 的数 a,求 s＝a＋aa＋aaa＋…＋aa…a(共 20 项)。请对其程序填空,其中 temp 保存当前处理项 aa…a。

```
#include<stdio.h>
main()
{
  int a,i,s,temp;
  s=temp=0;
  printf("Please enter a number(1-9)");
  scanf(         );
  for(I=1;        )
      {
        temp=(        );
        s=s+();
      }
  printf("s=%d",s);
}
```

(2) 求输入的 100 个数中正数的个数及其平均值。

```
#include<stdio.h>
main()
{
  int i,n;
  float sum,f;
  n=(        );
  sum=(        );
  for(i=0;i<=100;i++)
    {
      printf("enter a real number:");
      scanf("%f",&f);
      if(f<=0)
          (        );
      sum+=f;
```

```
        n++;
    }
printf("sum=%f",sum);
printf("average=%f",            );
}
```

5.7.2　自评和周记

根据评价量表认真填写前面的任务单,自评学习成果,并填写 4F 周记。

4F 周记			
1. 学会的 facts (1) 知识点思维导图; (2) 程序卡片; (3) 梳理概念之间的关系,形成概念图	2. 情绪 feelings (1) 正面情绪 1~2 个词,分析该情绪产生的原因; (2) 负面情绪 1~2 个词,分析该情绪产生的原因	3. 发现 findings (1) 清楚学习任务和评价标准吗? (2) 分析情绪产生的原因后,有什么发现? (3) 分析自己是如何写出程序的? (4) 需要什么帮助	4. 计划 futures 针对前面 3 个 F 的分析,你觉得自己的学习方法是高效的吗? 学习有成就感吗? 针对自己的情况在下周的学习中准备有什么行动或调整,写出较详细的计划

学习单元六　数组应用

6.1　单元描述

到目前为止,我们所探讨的内容主要围绕基本的数据类型,即 char、int、float、double 以及 int 和 double 的某些变种。尽管这些基本数据类型在多种情况下极为有用,但它们存在一个显著的局限性——在任何给定的时刻,这些数据类型的变量只能存储一个数值。因此,它们在处理大量数据时显得力不从心。然而,在现实生活中,我们经常需要读取、处理和展示大量的数据,例如:

- 一天内每个小时的温度记录列表
- 某公司的员工名单
- 商场销售的产品及其价格清单
- 某班级学生的考试成绩
- 客户及其电话号码列表

为了应对这些挑战,我们需要一种功能更为强大的数据类型,以便能够灵活且高效地存储、访问和操作多个数据项。幸运的是,C 语言为我们提供了一种称为数组的派生数据类型,它正是解决上述问题的理想工具。

数组,简而言之,是一个固定大小、包含相同数据类型元素的序列集合。这些元素按照顺序排列,并共享相同的名称。例如,我们可以使用数组名"score"来表示一个班级学生的考试成绩。通过数组名后跟随方括号中的数字(称为索引或下标),我们可以轻松地引用特定学生的成绩。例如:

score[10]

这里,score[10]表示的是第 11 名学生的成绩,请注意,数组元素的索引是从 0 开始编号的,因此 score[0]代表数组的第一个元素,而 score[10]则是第 11 个元素。整个集合构成一个数组,而其中的单个数值则被称为元素。通过使用单一的数组名称来指代元素集合,并通过指定索引来引用特定元素,我们可以极大地简化程序的开发过程,并提高效率。例如,结合之前介绍的循环结构,我们可以使用索引作为控制变量来遍历整个数组,执行计算操作,并展示结果。

此外,数组不仅可用于表示简单的数值列表,还可以用于表示二维、三维甚至更高维度的数据列表。在本单元中,我们将深入探讨如何利用数组的概念来创建和应用以下数值类型:

- 一维数组
- 多维数组
- 字符数组

除了支持多种基本数据类型外,C 语言还提供了丰富的派生类型和自定义类型,如图 6-1

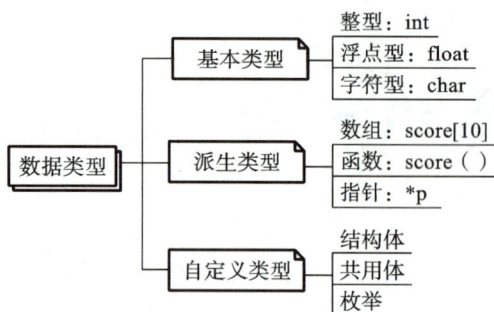

图6-1 C语言支持的数据类型

所示。例如，函数在学习单元3中已经进行了介绍，指针将在学习单元7中详细讨论，而结构体则将在学习单元8中深入探讨。至于共用体和枚举类型，由于它们在实际编程中的使用频率相对较低，因此本书将不作单独介绍。

通过本单元的学习，你将能够编写任务单中要求的程序，这些程序通常具有数据量较大、涉及多层循环、结构复杂（包括顺序、选择和循环结构）以及初始状态灵活设置等特点。我们期望你能够熟练掌握数组的使用以及各种常用的排序算法，并能够综合运用之前学过的知识来编写更为复杂的程序。通过不断地编写程序，你将逐渐提升自己在逻辑思维方面的严谨性和细致性。

学习之路，需要持之以恒。让我们继续前行，探索更多的编程奥秘！

6.2 单元目标

（1）通过学习，能够用自己的话描述如下概念或规则：

①数组和数组名；

②一维数组、一维数组的声明和初始化；

③二维数组、二维数组的声明和初始化；

④字符数组和字符串；

⑤字符串变量的声明和初始化；

⑥字符串常用库函数；

⑦数组的函数调用。

（2）应用学到的概念和规则，编写程序以解决如下问题：

①能应用一维数组编写输出某个范围内素数的程序，以主子程序调用的形式实现；

②能应用多层循环编写分解素数的程序，以主子程序调用的形式实现；

③能应用多层循环编写不同自幂数的程序，以主子程序调用的形式实现；

④能应用多层循环输出九九乘法表程序，以主子程序调用的形式实现；

⑤能应用多层循环编写用硬币分解一定数额面值的程序，以主子程序调用的形式实现；

⑥能应用多层循环编写汉诺塔递归程序，以主子程序调用形式实现。

（3）在学习过程中，培养高效学习方法和自我引导学习习惯，主要体现在：

①能认真细致地填写程序卡片，严谨细致编写程序，添加合适的注释，遵循可读性强的编程风格；

②遇到困难不轻易放弃，能主动跟同学和老师交流学习疑难问题；

③能察觉学习过程中自己的情绪，能自我排查不良情绪，积极调整心态，进一寸有得一寸的欢喜；

④能承担起小组角色和责任，认真聆听组员的发言，体察他人的情绪，积极参与小组任务，互相学习，共同进步；

⑤能根据任务书和量表，自评知识点和程序编写的掌握情况，清楚自己的学习进展，根据自己的进度合理安排学习计划，在这个过程中能主动寻找资源和帮助，培养自学能力和合作能力。通过自我监控学习过程，逐渐培养自我引导的学习习惯。

6.3　任务列表

在电脑上下载并安装 DEV-C 软件，同时在手机端下载 C 语言编译 App。

学习单元六　任务书			
小组序号和名称		组内角色	
小组成员			
准备任务			
1. 完成上个学习单元的任务书			
2. 完成上个学习单元的作业			
3. 完成上个学习单元的 4F 周记			
实践任务			
概念或原理	根据量表自评	编程任务	任务类型	根据量表自评
1. 数组		1. 一维整型数组的赋值与输出	任务呈现	
2. 数组名		2. 二维整型数组的赋值与输出	任务呈现	
3. 一维数组的定义		3. 一维字符数组的赋值与输出	任务呈现	
4. 一维数组的声明		4. 二维字符数组的赋值与输出	任务示范	
5. 一维数组的引用		5. 显示一列数据并求平均值	任务示范	
6. 一维数组的初始化		6. 冒泡法排序	任务示范	
7. 二维数组的定义		7. 计票统计	任务示范	
8. 二维数组的声明		8. 计算一年中任意一天是周几	任务示范	
9. 二维数组的初始化		9. 统计一篇文章中的单词个数	任务示范	

概念或原理	根据量表自评	编程任务	任务类型	根据量表自评
10. 字符数组和字符串		10. 超市找零数组	任务示范	
11. 字符串的输入输出		11. 数组实现大数阶乘	任务示范	
12. 数组名作为函数参数		12. 数组形参求平均值	任务示范	
		13. 找出数组中的最大值	补全任务	
		14. 学生成绩分布范围统计	补全任务	
		15. 输出数组中大于平均值的数	补全任务	
		16. 斐波那契数列求解——数组版	补全任务	
		17. 高考倒计时	补全任务	
		18. 数组平均值等功能拓展程序	完整任务	
		19. 改写超市找零程序	完整任务	
编程过程中遇到的故障记录				

总结专业英文词汇

续表

概念关系图

6.4　评价量表

	完全掌握—A	基本掌握—B	没有掌握—C
知识点评分量规	能画出每个知识点的思维导图； 能找出相关知识点的关联； 能正确完成专项训练并且说明理由； 错误程序都能修改正确	能画出每个知识点的思维导图； 知识点的关联不太清楚； 专项训练少量题目不会做	知识点内容不太熟悉； 专项训练作业只会做少部分； 不清楚知识点之间的关联
	完全掌握—A	基本掌握—B	没有掌握—C
程序技能评分量规	能独立写出程序，理解每一行代码的含义； 能正确画出程序流程图； 能正确填写变量表； 程序结构很清晰； 程序有必要注释	在同学或老师的帮助下： 能正确编写程序，基本可以看懂程序； 能正确画出程序流程图； 能正确填写变量表； 程序结构较清晰； 程序有少部分注释	看不懂程序，也没有主动寻求帮助； 程序结构不清晰； 程序没有注释

6.5　小 组 分 工

班级		组号		指导老师	
组长		学号			
组员分工	任务分工		姓名	学号	
	绘制知识点思维导图				
	绘制程序框图				
	编写程序				
	记录调试故障				
	记录专英词汇				
	制作学习过程视频				
	分享小组学习成果				

6.6　学 习 过 程

6.6.1　任务呈现

1.【案例1】　一维整型数组的赋值与输出

案例 1
程序讲解视频

```
1   #include <stdio.h>
2   int main()
3   {   int i,a[10];
4       for(i=0;i<10;i++){
5           a[i]=i;
6       }
7       printf("这个一维数组是：\n");
8       for(i=0;i<10;i++){
9           printf("a[%d]=%d\n",i,a[i]);
10      }
11      return 0;
12  }
```

扫码观看案例1程序讲解视频，填写任务单1。

任务单1：

1. 本程序有一个新的数据类型：一维整型数组，观察程序，写下这个数组，试着分析一维整型数组的格式。

2. 第 4～6 行是给这个一维整型数组赋值,程序是如何给一维整型数组赋值的呢?

2.【案例 2】　二维整型数组的赋值与输出

```
1   #include <stdio.h>
2   int main()
3   {   int a[2][3], i, j;
4       for(i=0; i<2; i++){
5           for(j=0; j<3; j++){
6               printf("Enter a[%d][%d]: ",i,j);
7               scanf("%d", &a[i][j]);
8           }
9       }
10      printf("这个二维数组是: \n");
11      for(i=0; i<2; i++){
12          for(j=0; j<3; j++){
13
14              printf("%d\t",a[i][j]);   }
15          printf("\n");
16      }
17      return 0;
18  }
```

运行上述程序,填写任务单 2。

任务单 2:

1. 本程序有一个二维整型数组,写下这个二维整型数组,试着分析二维整型数组的格式。

2. 第 4～6 行是给这个二维整型数组赋值,程序是如何给二维整型数组赋值的呢?

3.【案例 3】　一维字符数组的赋值与输出

```
1   #include<stdio.h>
2   int main()
3   {
4       char city[10],name[10];
5       printf("请输入城市和姓名（空格隔开）");
6       scanf("%s %s",city,name);
7       printf("city = %s\n",city);
8       printf("name = %s\n",name);
9       return 0;
10  }
```

输入：Wuhan Mary

程序结果：

运行上述程序,填写任务单3。

任务单3:

1. 本程序有两个一维字符数组,写下这两个一维字符数组,试着分析一维字符数组的格式。

2. 第6行是给这个一维字符数组赋值,程序是如何给一维字符数组赋值的呢?从中你发现了什么?提示:和任务单2的第7行比较。

4.【案例4】 二维字符数组的赋值与输出

```
1   #include<stdio.h>
2   int main()
3   {
4       int y;
5       char week[7][9]={{"Sunday"},{"monday"},
6                   {"Tuesday"},
7                   {"Wensday"},{"Thurday"},
8                   {"Friday"},{"Saturday"},};
9       for(y=0;y<7;y++) {
10          printf("第%d天 is %s\n",y,week[y]);
11      }
12      return 0;
13  }
```

运行上述程序,填写任务单4。

任务单4:

1. 本程序有一个二维字符数组,写下这个二维字符数组,试着分析二维字符数组的格式。

2. 第2~5行是给这个二维字符数组赋值,程序是如何给二维字符数组赋值的呢?这个二维字符数组存放了什么信息呢?

比较案例1～案例4,填写任务单5。

任务单5:

数组	案例1	案例2	案例3	案例4
数组类型	一维 整型数组			
数组定义	int a[10];			
数组赋值	第4～6行 a[i]=i;			
数组调用	第9行,a[i]			
数组的长度	可存放10个 整型数据			
说明	这里列举的4个案例,都用到了数组,有的是一维数组,有的是二维数组,有的是整型数组,有的是字符数组,不管哪一种,数组都是相同类型数据的一个集合,所以数组是可以存放多个数据的			

5. 本单元程序结构

本单元的程序具备如下特点:处理的数据量较多,通常是一批数据;正常层级(两层或多层循环);结构复杂(顺序＋选择＋循环);初始状态可灵活设置;可根据需要进行单元化处理。本单元的程序结构如图6-2所示。

```
1   #include <stdio.h>
2   void in_shuzu(int a[10]);
3   void out_shuzu(int a[10]);
4   int main()
5   {
6       int a[10];
7       in_shuzu(a);
8       -----------;
9       out_shuzu(a);
10      return 0;
11  }
12
13  void in_shuzu(int a[10])
14  {
15      int i;
16      printf("请给数组a[10]赋值: \n");
17      for(i=0;i<10;i++){
18          scanf("%d",&a[i]);   //a[i]=i;
19      }
20  }
21  void out_shuzu(int a[10])
22  {
23      int i;
24      printf("这个一维数组是: \n");
25      for(i=0;i<10;i++){
26          printf("a[%d]=%d\n",i,a[i]);
27      }
28  }
```

图6-2　本单元的程序结构

6.6.2　示范任务

1.【案例 5】　显示一列数据并求平均值

案例 A：

```
1   #include<stdio.h>
2   int main()
3   {
4   //======= 程序输入=========================
5       int x;
6       double sum=0;
7       int cnt=0;
8       int number[100];
9       scanf("%d",&x);
10  //======= 程序处理=========================
11      while(x!=-1){
12          number[cnt]=x;
13          sum+=x;
14          cnt++;
15          scanf("%d",&x);
16      }
17  //======= 程序输出=========================
18      for(x=0;x<cnt;x++)printf("%4d",number[x]);
19      if(cnt>0)printf("\naverage=%.2f\n",sum/cnt);
20      return 0;
21  }
```

案例 B：

```
1   #include<stdio.h>
2   int main()
3   {
4       int x; double sum=0;
5       int cnt=0;
6       scanf("%d",&x);
7       while(x!=-1){
8           sum+=x;
9           cnt++;
10          scanf("%d",&x);
11      }
12      if(cnt>0)printf("%f\n",sum/cnt);
13  }
```

对比上面两个程序,填写任务单 6。

任务单 6：

1. 分析这两个程序,找出两个程序的异同点。

2. int number 和 int number[100]有什么不同和相同之处?

3. 变量 cnt 的功能是什么? 在案例 A 程序中 cnt 的范围是多少?

续表

4. 变量 x 的功能是什么? 案例 A 程序中第 12 行的功能是什么? 第 18 行的功能是什么?

5. 在案例 A 程序中用到了一个新的数组,为什么此程序中需要用到这个数组? 关于这个数组,你学到了哪些知识点?

【概念规则】　一维数组的声明

一维数组的声明形式为:[数据类型]　数组名[常量表达式];

例如:int　aa[10];

上述说明语句,定义了一个 int 整型一维数组,数组名为 aa,有 10 个数组元素,每一个数组元素需占用 2 个字节,上述数组的数组元素为:aa[0],aa[1],aa[2],…,aa[9],没有 aa[10]。此数组具有如下特点:

(1) 方括号"[ ]"是数组的标志,方括号中的常量表达式的值表示数组的元素个数,即数组的长度,常量表达式必须是一个整型值。

(2) 数组的下标可以是整型常量、整型变量,或者是可生成整数的表达式。注意,C 语言不进行边界检查,因此应确保数组索引位于所声明的范围内。

(3) 当数组名单独在程序中使用时,数组名代表为它分配的内存区域的开始地址,即数组中下标为 0 的元素的地址。

aa——表示数组起始地址。

&aa[0]——表示第 1 个数组元素的地址,与数组起始地址相同,&aa[0]=aa。

&aa[1]——表示第 2 个数组元素的地址,&aa[1]=&aa[0]+2(相差 2 个字节)。

在这种情况下,数组名起着一个常量的作用,即 aa 与 &aa[0] 作用一样。如代码 scanf("%d",&aa[0]) 与 scanf("%d",aa) 都是为数组 aa 的第一个元素赋值。

(4) 不允许对数组进行动态定义,以下做法是错误的:

```
int m,x[m];              //数组的大小不能用变量的值来指定
    scanf("%d",&m);
```

(5) 数组说明语句一次可定义几个数组,例如:"int　a1[4],a2[5];",此说明语句定义了 2 个数组名为 a1、a2 的 int 整型一维数组。

【概念规则】　一维数组的引用

程序中定义了数组后,就可用下列形式引用数组的元素:

数组名[下标]

其中下标可以是任何非负整型数据,如整型常量、整型变量或整型表达式,取值范围是 0~(元素个数-1),如果下标越界就会发生错误。下面的例子可说明数组的使用:

aa[0]=aa[1]+2;

数组的使用比较简单,方法与使用简单变量一样,下标变量和我们前面介绍的简单变量具有相同的地位和作用。

在 C 语言中,数组的下标是从 0 开始而不是从 1 开始的,如一个具有 10 个数据单元的数组 count[10],它的下标就是从 count[0]到 count[9],引用单个元素就是数组名加下标,如 count[1]就是引用 count 数组中的第 2 个元素,如果错用了 count[10]就会有错误出现。还有一点要注意的就是在程序中只能逐个引用数组中的元素,不能一次引用整个数组,但是字符型的数组可一次引用整个数组,这个在后面介绍。

【概念规则】 一维数组的初始化

可在数组定义的同时,给出它的元素的初值,即进行数组初始化。数组初始化可用以下几种方法实现:

(1) 数组定义时,将数组元素的初值依次写在一对大括号{}内,例如:

$$int\ d[5]=\{0,1,2,3,4\};$$

经上面的定义和初始化之后,就有 d[0]=0、d[1]=1、d[2]=2、d[3]=3、d[4]=4。

(2) 只给数组的前面一部分元素设定初值。例如:

$$int\ e[5]=\{0,1,2\};$$

数组 e 有 5 个整型元素,前 3 个元素设定了初值,后 2 个元素未明确地设定初值。一般约定,当一个数组的部分元素被设定初值后,对于元素为数值型的数组,那些未明确设定初值的元素自动被设定 0 值,所以数组 e 的后 2 个元素的初值为 0。定义数组时,如没对任何一个元素指定过初值,则数组元素的值是不确定的。

(3) 当对数组的全部元素都明确设定初值时,可以不指定数组元素的个数。例如:

$$int\ g[]=\{5,6,7,8,9\};$$

系统会根据初始化的大括号{}内的初值个数确定数组的元素个数,所以数组 g 有 5 个元素。但若提供的初值个数小于数组希望的元素个数时,则方括号中的数组元素个数不能省略。反之,如提供的初值个数超过了数组元素个数,也会引起程序错误。

(4) 只能给元素逐个赋值,不能给数组整体赋值。例如:给十个元素全部赋 1 值,能写为:"int a[10]={1,1,1,1,1,1,1,1,1,1};",或者"int a[10]={1};",而不能写为:"int a[10]=1;"。

【专项训练】 根据一维数组的定义、引用和初始化说明,填写任务单 7。

任务单 7:

请指出下面每条数组声明语句中的错误(其中 ROW 已声明为符号常量)	请指出下面每条数组初始化语句中的错误
1. int score(30);	1. int number[5]={0;0;0;0;0};
2. float average[ROW];	2. int m[]={0,1,2,3,4,5,6,7,8,9};
3. char name[15];	3. int m[9]={0,1,2,3,4,5,6,7,8,9};
4. int sum[];	4. float result[10]=0;
5. double salary[i+ROW];	5. float score[10]={0};

2.【案例6】　冒泡法排序

```
1   #include <stdio.h>
2   int main( )                    // 冒泡法实现数组的排序
3   {
4   //==========程序输入===============
5       int i, j, max, a[10];
6       printf("put 10 numbers :\n");
7       for(i=0; i<10; i++ ){ scanf("%d",&a[i]); }
8       printf("\n");
9   //==========程序处理===============
10      for(j=0; j<9; j++){
11          for(i=0; i<9; i++){
12              if(a[i]>a[i+1]){
13                  max=a[i]; a[i]=a[i+1]; a[i+1]=max;
14              }
15          }
16      }
17  //==========程序输出====================
18      for(i=0; i<10; i++){ printf("%d\t",a[i]); }
19      return 0;
20  }
```

案例6
程序讲解视频

扫码观看案例6程序讲解视频,填写任务单8。

任务单8:

1. 变量 i、j、max、a[10] 的作用是什么?

2. 对程序分段,程序输入、程序处理和程序输出分别是哪几行? 说明每部分的作用。

3. 第 10～16 行有一个双重循环,用可视化的形式分析这个双重循环的作用。

4. 试着运行该程序。该程序的功能是什么? 输出了什么?

5. 将第 10 行的"j<9"改成"j<9−i",可以实现程序功能吗? 有什么不一样?

3.【案例7】 计票统计

```
1   //======若干人对0-4号进行投票====
2   //======输入-1时表示计票结束=====
3   //======统计每个号的投票票数====
4   #include <stdio.h>
5   int main()
6   {
7       const int number=5;
8       int x,i;
9       int count[number];
10      for(i=0;i<number;i++){
11          count[i]=0;}
12      printf("请开始计票：\n");
13      scanf("%d",&x);
14      while(x!=-1){
15          if(x>=0&&x<=4){
16          count[x]++;}
17          scanf("%d",&x);
18      }
19      for(i=0;i<number;i++){
20          printf("%d号候选人的票数为:%d\n",i,count[i]);}
21      return 0;
22  }
```

案例7
程序讲解视频

扫码观看案例 7 程序讲解视频，填写任务单 9。

任务单 9：

1. 程序中有哪几个变量？说明每个变量的类型及含义。

2. 第 7 行可以去掉 const 关键字吗？说明原因。

3. 对程序分段，程序输入、程序处理和程序输出分别是哪几行？

4. 第 13～18 行有重复的语句出现，是哪一句？如何修改程序，让程序更为精简？这部分程序的功能是什么？

5. 这个程序有没有保存输入的 x 值？数组 count[number]的功能是什么？

6. 运行程序，输入 1、2、3、4、5、6、7、8、9、0、－1，写出程序的输出结果，说明该程序的功能。

4.【案例 8】　计算一年中任意一天是周几

案例 8
程序讲解视频

```
1   #include <stdio.h>
2   int day_table[][12]
3     ={{31,28,31,30,31,30,31,31,30,31,30,31},
4       {31,29,31,30,31,30,31,31,30,31,30,31}};
5   char week[7][9]={{"Sunday"},{"Monday"},{"Tuesday"},
6               {"Wensday"},{"Thurday"},
7               {"Friday"},{"Saturday"}};
8   int main(void)
9   {
10      int year, month, date, leap, i,day1,day2,x;    //i
11  ag: printf("\nInput year, month, date, day.\n");
12      scanf("%d%d%d%d", &year, &month, &date,&day1);
13      leap=year%4==0&&year%100||year%400==0;      //判读平
14      for(i=0; i<month-1;i++){
15          date+=day_table[leap][i];
16      }
17      day2=(date%7+day1-1)%7;
18      printf("\nThe days in year is %d.\n", date);
19      printf("The days in week is %s.\n", week[day2]);
20      goto ag;
21      return 0;
22  }
```

扫码观看案例 8 程序讲解视频，填写任务单 10。

任务单 10：

1. 程序中有哪几个变量？说明每一个变量的类型及含义。

2. 对程序分段，程序输入、程序处理和程序输出分别是哪几行？

3. 第 2～4 行定义了一个二维整型数组,抄写这个数组并分析这个二维整型数组的含义,将其放在 main 函数之前,说明这个数组是什么变量。

4. 第 5～7 行定义了一个二维字符数组,抄写这个数组并分析这个二维字符数组的含义,将其放在 main 函数之前,说明这个数组是什么变量。

5. 第 15 行是引用二维整型数组,说明这行的含义。

6. 第 19 行是引用二维字符数组,说明这行的含义。

7. 分析第 17 行的功能,说明程序是如何实现计算当天是周几的。

【概念规则】 二维数组的定义

数组元素也可以有多个下标,二维数组的定义形式如下:

数据类型　数组名[行下标表达式][列下标表达式];

例如:"float　a[3][4];",定义 a 是一个 3×4(3 行 4 列)的数组,但不得写成:"float　a[3,4];"。"行下标表达式"和"列下标表达式"的值,都应在已定义数组大小的范围内。例如 a[3][4],可用的行下标范围为 0～2,列下标范围为 0～3。

二维数组中元素的排列规则为先按行再按列,其顺序如下:

a[0][0]　a[0][1]　a[0][2]　a[0][3]
a[1][0]　a[1][1]　a[1][2]　a[1][3]
a[2][0]　a[2][1]　a[2][2]　a[2][3]

我们可把二维数组看作一种特殊的一维数组,它的元素又是一个一维数组。例如:a[3][4]可看成 a[0]～a[2],每个元素又是一个包含 4 个元素的一维数组:

a[0]——a[0][0]　a[0][1]　a[0][2]　a[0][3]

a[1]——a[1][0]　a[1][1]　a[1][2]　a[1][3]

a[2]——a[2][0]　a[2][1]　a[2][2]　a[2][3]

注意没有 a[3]元素。

同一维数组一样,二维数组的数组名"a"代表整个数组的首地址,同时约定:

a[0]:数组第 0 行的首地址,即第 1 个元素地址＆a[0][0];

a[1]:数组第 1 行的首地址,即第 5 个元素地址＆a[1][0];

a[2]:数组第 2 行的首地址,即第 9 个元素地址＆a[2][0]。

【概念规则】 二维数组的初始化

二维数组的初始化可有以下几种方式:

(1) 按行给二维数组赋初值。这种方法比较直观,一行对一行,易于检查。如:

int a[3][4]={{1,2,3,4},{5,6,7,8},{9,10,11,12}};

(2) 顺序按行按列给二维数组赋初值。如:

int a[3][4]={1,2,3,4,5,6,7,8,9,10,11,12};

(3) 可以对部分元素赋初值,按行按列对号入座。如:

int a[3][4]={{1},{5},{9}};

int a[3][4]={{1},{0,6},{0,0,11}};

int a[3][4]={{1},{5,6}};

int a[3][4]={{1},{},{9}};

引用二维数组元素需在数组名之后紧接连续 2 个"[下标]",如同一维数组一样,二维数组元素也可以被引用,例如:

a[0][1]=a[1][2]+b[2][3];

【专项训练】 根据二维数组的定义、引用和初始化说明,填写任务单 11。

任务单 11:

假设数组 A 和 B 的声明如下: int A[5][4];float B[4]; 请找出下面程序段中的错误(如果有)	请指出下面每条语句中的错误(如果有),假设 ROW 和 COLUMN 已声明为符号常量
1. for(i=1;i<=5;i++) 　　for(j=1;j<=4;j++) 　　　A[i][j]=0;	1. float values[10,15];
2. for(i=1;i<4;i++) 　　scanf("%f",B[i]);	2. float average[ROW],[COLUMN];
3. for(i=0;i<=4;i++) 　　B[i]=B[i]+i;	3. float item[3][2]={0,1,2,3,4,5};
4. for(i=4;i>=0;i++) 　　for(j=0;j<4;j++) 　　　A[i][j]=B[i]+1.0;	4. int m[2][4]={{0,0,0,0};{1,1,1,1};};

【概念规则】 字符数组和字符串

如果数组的元素类型是字符型（char），则此数组就是字符数组。字符数组的每个元素只能存放一个字符，字符数组的定义形式与其他数组的定义形式一样：

char　字符数组名[元素个数];

例如："char s[5];"，表示数组 s 有 5 个元素，每个元素只能存放一个字符。

字符数组
和字符串

C 语言并不支持字符串数据类型。但是，C 语言允许使用字符数组来表示字符串，在 C 语言中，字符串变量就是一个字符数组，其名称可以是任意合法的 C 变量名。因此，char s[5]也可以是一个字符串变量，不过最大存放字符串的个数是 4，不是 5，因为当编译器把字符串赋给字符数组时，会自动在字符串的末尾添加空字符（'\0'）。因此，元素个数必须等于字符串中的最大字符数再加 1。

与数值数组一样，字符数组也可以在声明时初始化，C 语言允许下面两种方式初始化：

char str[12]={"I am happy!"};

char str[12]={'I','','a','m','','h','a','p','p','y','! ','\0'};

这两种方式初始化是等价的。注意：字符数组 str[]的元素个数为 12，不是 11，因为用字符串对字符数组初始化时，系统会在字符串末尾添加一个字符串结束符'\0'。当以元素列表的方式初始化字符数组时，必须显式地加上空字符。将数 0 当作 ASCⅡ码，它的字符常量形式标记为'\0'，该字符已被系统作为字符串的结束标志符。

C 语言在初始化字符数组时，也可以不用指定数组的大小，在这种情况下，数组的大小将根据初始化元素的数量自动确定。例如：

char str[]={"I am happy!"};

会将数组 str 定义为包含 12 个元素的数组，所以下面三个初始化是等价的：

char str[]={"I am happy!"};

char str[]={'I','','a','m','','h','a','p','p','y','! ','\0'};

char str[]="I am happy!";

而 char str[]= {'I','','a','m','','h','a','p','p','y','! '};和 char str[]= {"I am happy!"};是不等价的，前者的长度是 11，后者的长度是 12，这点要注意。

字符数组也可与普通数组一样进行初始化，对部分未明确指定初值的那些元素，系统自动用整数 0 赋值。例如：

char s[15]={'I','','a','m','','h','a','p','p','y','! '};数组后面四个元素为 0。

二维字符数组用于同时存储和处理多个字符串，其定义格式与二维数值数组一样。例如：

char week[7][9]={{"Sunday"},{"Monday"},{"Tuesday"},
　　　　　　　　{"Wensday"},{"Thurday"},{"Friday"},{"Saturday"}};

定义了一个二维数组 week，该数组存放了 7 个字符串。

【概念规则】 字符串的输入输出

字符串的输入输出可以有以下三种方式：

（1）用"%c"格式逐个输入或输出字符数组的字符。

```
for(i=0;i<11;i++){scanf("%c",&a[i]);}
  for(i=0;i<11;i++){printf("%c",a[i]);}
```

（2）用 getchar 和 putchar 函数输入输出单个字符，例如：

```
  char ch;
```

ch=getchar();

将输入的单个字符赋值给字符变量 ch，注意 getchar 函数没有参数。

char ch='A';

```
  putchar(ch);
```

将输出字符变量 ch 的值，putchar 函数带有一个参数。

（3）用"%s"格式将整个字符串一次输入或输出，但不输入或输出结束符'\0'。

```
printf("%s",a);              //a 是字符数组名
scanf("%s",a);
```

下面用法是错误的：

```
printf("%s",a[0]);printf("%s",&a);
scanf("%s",&a);scanf("%s",a[0]);
```

注意：因为数组名变量的值即数组的首地址，因此 scanf("%s",a);是正确的，不需加 & 符号。但是 scanf 函数的问题是，一旦遇到空白符（包括空格、制表符、回车符、换页符和换行符），就将终止输入。因此，如果在终端输入如下文本：

WUHAN POLYTECHNIC

那么只有字符串"WUHAN"读入数组 a 中，这是因为 WUHAN 后面有空格，使字符串的读取终止。如果要读取整行的字符"WUHAN POLYTECHNIC"，就要使用两个大小合适的字符数组。也就是说：

char addr1[12],addr[12];

scanf("%s %s",addr1,addr2);

同样在输出时，

char str[30]="Pas\0cal Cobol Fortran C";

```
        printf("%s\n",str);
```

将只输出：Pas。

要读取含有空格的字符串文本，一种简便的方法是使用库函数 gets()，它位于头文件 <stdio.h> 中，这是一个简单的函数，带有一个字符串参数，其调用形式如下：

gets(str);

str 是一个已正确声明过的字符串变量。gets 函数从键盘读取字符到 str 中，直到遇到一个换行符，然后将一个空白符\0 附加到该字符串中。与 scanf 函数不同，gets 函数不会省略掉空格。因此可以用下面的代码，从键盘读取文本行"WUHAN POLYTECHNIC"：

char line[30];

gets(line);

printf("%s",line);

显示字符串值的另一种更简便的方法是使用 puts 函数，该函数也位于头文件 <stdio.h> 中，带有一个参数，其调用形式如下：

字符串的
输入输出

203

```
puts(str);
```

其中,str 是一个含有字符串值的字符串变量。上面的语句显示了字符串变量 str 的值,并把光标移到屏幕下一行的开始处。上面的程序段也可以这样写:

```
char line[30];
```

```
gets(line);
```

```
puts(line);
```

与 scanf 和 printf 语句相比,上面的语法很简单。

【专项训练】 根据字符串输入输出的特点,填写任务单 12。

任务单 12:

	程序输出:

``c
1 #include <stdio.h>
2 int main()
3 {
4   char str[30] = "Pas\0cal Cobol Fortran C";
5   char str1[30],str2[30],str3[30];
6   scanf("%s %s", str1,str2);
7   scanf("%s", str3);
8   printf("%s %s\n", str1,str2);
9   printf("%s\n", str3);
10   printf("%s\n", str);
11 }
``
输入NEW   YORK
　　　NEW   YORK
	结论:

请指出下面每条语句中的错误(如果有)	
1. char city[8]="NEW YORK";	
2. char city[8]={'N','E','W','','Y','O','R','K'};	
3. char str2[3]="good";	
4. char city[9]; 　　city="wuhan";	
5. char city[9]; 　　city[9]="wuhan";	
6. char s1[4]="abc"; 　　char s2[4]; 　　s2=s1;	
7. char s1[4]="abc"; 　　char s2[4]; 　　s2[0]=s1[0];	
8. char city[9]="NEW YORK";	
9. char city[9]= 　　{'N','E','W','','Y','O','R','K','\0'};	

5.【案例 9】 统计一篇文章中的单词个数

```c
#include<stdio.h>
#include<string.h>
int main()
{
    char c,line[120];
    int i,words=0, inword=0,letter;
    printf("Input a line.\n");
    gets(line);

    for(i=0; line[i]!=0; i++){
        c=line[i];
        letter=((c>='a'&&c<='z')||(c>='A'&&c<='Z'));
        if(letter!=0){ inword=1; }
        else if(inword!=0){
            inword=0; words++;
            }
    }

    printf("There are %d words in line.\n",words);
    return 0;
}
```

案例 9
程序讲解视频

扫码观看案例 9 程序讲解视频,填写任务单 13。

任务单 13:

1. 程序中有哪几个变量? 说明每一个变量的类型及含义。

2. 对程序分段,程序输入、程序处理和程序输出分别是哪几行?

3. 空格字符和空字符的区别:键盘上长长的空格键产生的字符'\ ',对应 ASCⅡ码 0X20,十进制 32,而 0X00 对应十进制 0,表示空字符'\0',指字符串结束编译器自动加上的字符。根据提示,分析第 10 行的 for 语句条件的含义。

4. 画出程序处理部分的结构流程图,说明程序是如何统计单词个数的。

6.【案例10】 超市找零数组

```
1    #include<stdio.h>                                            //
2    //------------------------------------------------------------
3    int main(void)    //------------------------------------------
4  ┌ { float fk=0,xf=0;                                // 定义浮点类型
5  │   long zn;
6  │   int y[13];    //y[0],y[1]    y[12]
7  │   int f[13]={10000,5000,2000,1000,500,200,100,50,20,10,5,2,1};
8  ┌   char xs[13][6]={"100元","50元","20元","10元","5元",
9  └   "2元","1元","5角","2角","1角","5分","2分","1分"};
10 │   char st,kk;                                              //
11 │   //------------------------------------------------------------
12 ┌   for(;;){                                               //
13 │     printf("input sxf: ");                               //
14 │       scanf("%f",&xf);                                   //
15 │       printf("------------------------%f\n",xf);         //
16 │     printf("input fk: ");                                //
17 │       scanf("%f",&fk);                                   //
18 │       printf("------------------------%f\n",fk);         //
19 │       //------------------------------------------------------------
20 │     zn=(long)((fk-xf)*100);                              //
21 │     if(zn<0){ st=0; printf("sorry!\a owe=%.2f\n",fk-xf); }  //
22 │     else if(zn==0){ st=1; printf("ok,thanks!\n"); }      //
23 │     else{ st=2; printf("remain=%.2f\n",fk-xf); }         //
24 │       //------------------------------------------------------------
25 ┌     if(st==2) {                                          //
26 ┌       for(kk=0;kk<13;++kk){
27 │         y[kk]=zn/f[kk]; zn%=f[kk];
28 └       }
29 │         //------------------------------------------------------------
30 ┌       for(kk=0;kk<13;++kk){
31 │         if(y[kk]!=0){ printf("%s=%d,",xs[kk],y[kk]); }
32 └       }
33 └     }
34 │     printf("\n\n");                                      //
35 │       //------------------------------------------------------------
36 └   }  //
37 └ }
```

案例10
程序讲解视频

扫码观看案例10程序讲解视频,填写任务单14。

任务单14:

1. 第7行和第8行分别定义了两个数组,分析这两个数组的功能。

2. 列表分析第4~10行程序的输入变量的名称、类型和含义。

3. 分析第13~18行程序的功能。

续表

4. 分析第 20 行程序的功能。

5. 分析第 21～23 行程序的功能。

6. 分析第 25～28 行程序的功能。

7. 分析第 30～32 行程序的功能。

7.【案例 11】 数组实现大数阶乘

案例 11
程序讲解视频

```
1   // 求阶乘，利用数组元素保存计算结果的每一位，克服数据长度不够的问题。
2   #include<stdio.h>                                    //包含标准输入输出库
3   int main()
4   {
5   //=========程序输入 =========================
6       char a[500000];                                 //保存最终运算结果的数组
7       int n,cy,len;                                   // n= 正整数，cy=进位，len=结果长度
8       long kk, i, j;                                  //定义3个辅助变量
9       long factor;
10      while(1){                                        //循环运行
11      printf("求阶乘n! ,请输入n: ");                    //打印提示行
12      scanf("%d", &n);                                 //输入阶乘次数
13  //=========程序处理：算法1- 循环=====================
14      i=1,factor=1;
15      while(i<=n){ factor=factor*i; i++; }
16      printf("%d!=%d\n",n,factor);                     //5!=24*5  a[0]=2 a[1]=4 5!=a[0]*5+a[1]*5
17  //=========程序处理：算法2- 数组=====================
18      a[0]=1; len=1;     //a[0]=6                      //将结果先初始化为1
19      for(i=2; i<=n; i++) {     //i=4                  //开始阶乘，阶乘元素从2开始
20        for(j=1,cy=0;j<=len;j++){                      //和已有数据长度的每一位相乘
21          kk=a[j-1]*i+cy ;    //=6*4=24                //计算相乘结果，个位保存到当前元素
22          a[j-1]=kk%10; cy=kk/10;   //a[0]=4,  cy=2    //十位及以上位，累计到下一元素保存
23        }
24        while(cy){ //cy=24                             //如果进位超出现有位数
25          ++len;   //len=2 ,3                          //新加一位，位数长度增1
26          a[len-1]=cy%10; cy/=10; // a[1]= 4, cy=2 a[2]=2
27        }
28      }
29  //=========程序输出===============================
30      printf("%d位 %d!=",len,n);                        //显示结果抬头
31      for(i=len; i>=1; i--){ printf("%d", a[i-1]); }   //打印计算结果
32      printf("\n\n");                                  //换行
33    }
34  }
```

扫码观看案例 11 程序讲解视频,填写任务单 15。

任务单 15:

1. 运行程序,分析程序功能。

2. 观察第 6~9 行,分析该程序有哪些变量,这些变量分别代表的含义。

3. 观察第 14~16 行,分析这部分程序是如何求解阶乘的。这样求解有什么问题?

4. 观察第 18~28 行,这段程序有 3 个循环,分析这 3 个循环之间的关系,写出这 3 个循环的主体结构(不写执行语句)。

5. 观察第 19~23 行,画图分析这部分程序的功能,解释变量 cy、a[j−1] 和 kk 的含义。

6. 观察第 24~27 行,画图分析这部分程序的功能,解释变量 len 的含义。

7. 观察第 31 行,输出语句可以写成 for(i=0;i<len;i++){printf("%d",a[i]);}吗? 说明原因。

8.【案例 12】 数组形参求平均值

```c
1  #include <stdio.h>
2  float aver(int a[],int n)
3  {
4      int i; float av;int s=a[0];
5      for(i=1;i<n;i++){ s=s+a[i]; }
6      av=s*1.0/n;
7      return(av);
8  }
9
10 int main()
11 {
12     float av;
13     int i,j=0;
14     printf("请输入个数: ");
15     scanf("%d",&j);
16     int sco[j];
17     printf("\ninput %d scores:\n",j);
18     for(i=0;i<j;i++){ scanf("%d",&sco[i]); }
19     av=aver(sco,j);
20     printf("average score is %5.2f\n",av);
21     for(i=0;i<j;i++){ printf("%d:%d\n",i,sco[i]); }
22     return 0;
23 }
```

案例 12
程序讲解视频

分析下面程序功能,填写任务单 16。

任务单 16：

1. 运行程序,分析程序功能。

2. 观察第 2 行,分析子函数 aver()的参数类型和函数类型,输入和输出分别是什么?

3. 观察第 19 行,分析该行的作用,如何将数组作为实参传递给子函数。

【概念规则】 数组名作为函数参数

一个数组的数组名表示该数组的首地址,在用数组名作为函数的调用参数时,它传递的是地址,就是将实际参数数组的首地址传递给函数中的形式参数数组,这个时候实际参数数组和形式参数数组实际上是使用了同一段内存单元,当形式参数数组在函数体中改变了元素的值时,同时也会影响到实际参数数组,因为它们是存放在同一个地址的。

在变量作函数参数时,所进行的值传送是单向的,即只能从实参(即实际参数)传向形参(即形式参数),不能从形参传回实参。形参的初值和实参相同,而形参的值发生改变后,实参并不变化,两者的终值是不同的。

而当用数组名作函数参数时,情况则不同。由于实际上形参和实参为同一数组,因此当形参数组发生变化时,实参数组也随之变化。当然这种情况不能理解为发生了"双向"的值传递。运行下列程序,体会数组名作函数参数对程序的影响。

```
1  #include <stdio.h>
2  void nzp(int a[5]);
3  int main()
4  {    int b[5],i;
5       printf("\ninput 5 numbers:\n");
6       for(i=0;i<5;i++){
7          scanf("%d",&b[i]);  }
8       printf("initial values of array b are:\n");
9       for(i=0;i<5;i++){
10          printf("%d ",b[i]); }
11      nzp(b);
12      printf("\nlast values of array b are:\n");
13      for(i=0;i<5;i++){
14          printf("%d ",b[i]); }
15      return 0;
16  }
17  void nzp(int a[5])
18  {    int i;
19       printf("\nvalues of array a are:\n");
20       for(i=0;i<5;i++){  printf("%d ",a[i]); }
21       for(i=0;i<5;i++){  a[i]=i; }
22  }
```

6.6.3　补全任务

1.【案例13】　找出数组中的最大值

不完整程序:

```
1  #include <stdio.h>
2  int main()
3  {    int i,max=0,a[10];
4       printf("Enter data for array a[].\n");
5                                    //补全代码
6       printf("this array is :\n");
7                                    //补全代码
8       for(i=0;i<10;i++){
9          if(a[i]>max){     } }     //补全代码
10      printf("max of this array=%d\n",max);
11      return 0;
12  }
```

输出结果如下:

```
Enter data for array a[].
23 45 32 6 45 7 678 345 2 3 4
this array is :
a[0]=23
a[1]=45
a[2]=32
a[3]=6
a[4]=45
a[5]=7
a[6]=678
a[7]=345
a[8]=2
a[9]=3
max of this array=678
```

上述程序可实现输入数值到数组,并显示数组,且能找出这个数组中的最大值。分析该程序,填写任务单17。

任务单 17：

1. 该程序有几个变量？分析这些变量的含义和类型。

2. 补全第 5 行、第 7 行和第 9 行。

3. 如果要求输入数据的平均值，如何补充此程序？

2.【案例 14】　学生成绩分布范围统计

不完整程序：

```
1   #include <stdio.h>
2   #define MAXVAL 50
3   #define COUNTER 11
4   int main()
5  {
6       float value[MAXVAL];
7       int i,low,high;
8       int group[COUNTER]={0};
9       printf("请输入一个班的成绩: \n");
10      for(i=0;i<MAXVAL;i++){
11                                    //补全程序
12          ++group[(int)value[i]/10];
13      }
14      printf("\n");
15      printf("group\t    range   frequency\n\n");
16      for(i=0;i<COUNTER;i++){
17          low=i*10;
18          if(i==10){
19                                    //补全程序
20          }
21          else
22                                    //补全程序
23      printf("%2d\t%3d to %3d\t%d\n",
24                               ); //补全程序
25      }
26      return 0;
27  }
```

输出结果如下：

```
请输入一个班的成绩：
65 87 47 98 76 98 67 99 99 100
54 76 82 81 84 93 88 48 92 93
76 75 84 32 92 83 74 65 74 28
91 81 82 83 84 85 68 69 64 67
78 79 73 5 66 34 42 55 66 77

group       range       frequency

 1        0 to    9        1
 2       10 to   19        0
 3       20 to   29        1
 4       30 to   39        2
 5       40 to   49        3
 6       50 to   59        2
 7       60 to   69        9
 8       70 to   79       10
 9       80 to   89       12
10       90 to   99        9
11      100 to  100        1
```

　　上述程序可以统计某班 50 个学生在年末考试成绩的分布范围。分析该程序，填写任务单 18。

任务单18：

1. 该程序有几个变量？分析这些变量的含义和类型。

2. 根据输出结果补全程序的第11行、第19行、第22行和第24行。

3. 该程序有两个数组，这两个数组的长度是如何定义的？请说明这两个数组的功能。

4. 分析第12行代码的运算顺序并解释第12行代码的功能。

3.【案例15】 输出数组中大于平均值的数

```c
#include <stdio.h>
#define LENGTH 10
int main( )
{    int i;
     float sum=0;
     int a[LENGTH];
     printf("input vector value:\n");
     for(i=0; i<LENGTH; i++ ){
         scanf("%d",&a[i]);
     }
     printf("output vector value:\n");
     for(i=0; i<LENGTH; i++ ){
         printf("a[%d]=%d\n",i,a[i]);
         sum+=a[i];
     }
     printf("\n");
     printf("the average is %f\n",sum*1.0/LENGTH);
     int index=0;
     for(i=0;i<LENGTH;i++){
         if(a[i]>a[index]){
             index=i;
         }
     }
     printf("the max is a[%d]=%d\n",index,a[index]);
     printf("比平均数大的数据有:\n");
     for(i=0;i<LENGTH;i++){
         if(a[i]>sum*1.0/LENGTH){
             printf("a[%d]=%d\n",i,a[i]);
         }
     }
}
```

输出结果如下：

```
input vector value:
43 56 78 344 56 90 100 45 37 48
output vector value:
a[0]=43
a[1]=56
a[2]=78
a[3]=344
a[4]=56
a[5]=90
a[6]=100
a[7]=45
a[8]=37
a[9]=48

the average is 89.700000
the max is a[3]=344
比平均数大的数据有：
a[3]=344
a[5]=90
a[6]=100
```

上述程序可以实现给数组赋值,输出显示该数组,找到数组的最大值和平均值,输出比平均值大的数。请将该程序改写成主子程序调用的方式,填写任务单 19。

任务单 19:

1. 该程序有几个变量? 分析这些变量的含义和类型。

2. 填写具有下列功能的程序段行数。

给数组赋值:

输出数组:

求数组的平均值:

求数组的最大值:

输出比平均值大的数据:

3. 将程序改成主子调用的形式:第一种情况是子函数都没有返回值,设置全局变量 sum,通过全局变量传递参数;第二种情况是部分子函数有返回值,通过返回值传递参数。根据不同要求分别补全下列程序:

(A) 通过全局变量传递 sum 值

```
1    #include <stdio.h>
2    #define LENGTH 10
3    void in_shuzu(int a[LENGTH]);
4    void out_shuzu(int a[LENGTH]);
5    void max_shuzu(int a[LENGTH]);
6    void average_shuzu(int a[LENGTH]);
7    void big_shuzu(int a[LENGTH]);
8    int sum;
9    int main( )
10   {
11       int a[10];
12       in_shuzu(a);
13       out_shuzu(a);
14       max_shuzu(a);
15       average_shuzu(a);
16       big_shuzu(a);
17       return 0;
18   }
```

请补全如下子函数的函数原型:

(1) void in_shuzu(int a[LENGTH]);

(2) void out_shuzu(int a[LENGTH]);

(3) void max_shuzu(int a[LENGTH]);

(4) void average_shuzu(int a[LENGTH]);

(5) void big_shuzu(int a[LENGTH]);

(B) 通过子函数返回值传递参数

```
1    #include <stdio.h>
2    #define LENGTH 10
3    void in_shuzu(int a[LENGTH]);
4    void out_shuzu(int a[LENGTH]);
5    void max_shuzu(int a[LENGTH]);
6    int average_shuzu(int a[LENGTH]);
7    void big_shuzu(int a[LENGTH],int sum);
8    int main( )
9    {
10       int a[10],sum;
11       in_shuzu(a);
12       out_shuzu(a);
13       max_shuzu(a);
14       sum=average_shuzu(a);
15       big_shuzu(a,sum);
16       return 0;
17   }
```

请补全如下子函数的函数原型:

(1) void in_shuzu(int a[LENGTH]);

(2) void out_shuzu(int a[LENGTH]);

(3) void max_shuzu(int a[LENGTH]);

(4) int average_shuzu(int a[LENGTH]);

(5) void big_shuzu(int a[LENGTH],int sum);

4.【案例 16】 斐波那契数列求解(数组版)

不完整程序:

```
1   #include<stdio.h>
2   int main()
3   { long  f[40]={1, 1}; int k;
4       for(k=2; k<40; k++){
5                              }  //补全程序
6       for(k=0; k<40; k++){
7                              }  //补全程序
8                              //补全程序
9       }
10  }
```

输出结果如下:

1	1	2	3	5
8	13	21	34	55
89	144	233	377	610
987	1597	2584	4181	6765
10946	17711	28657	46368	75025
121393	196418	317811	514229	832040
1346269	2178309	3524578	5702887	9227465
14930352	24157817	39088169	63245986	102334155

前面课程中用循环和函数都求过斐波那契数列,学习了数组后,请尝试用数组来输出斐波那契数列的前 40 项,并填写任务单 20。

任务单 20:

1. 该程序有几个变量?分析这些变量的含义和类型。

2. 第 3 行 long f[40]={1,1};初始化数组后,数组中每个元素的值是多少? 和 long f[40]={1}的效果一样吗?

5.【案例 17】 高考倒计时

程序:

```
1   #include <stdio.h>
2   int day_table[][12]
3       ={                              //补全代码
4                              };        //补全代码
5
6   int main()
7   {
8       int year,month,day;
9   ag: int leap,op=0;int total;
10      int n,i;
11      printf("请输入日期（年-月-日）:\n");
12                              //补全代码
13      if(month>6||month==6&&day>6){
14                              //补全代码
15      }
16      leap=year%400==0||year%100!=0&&year%4==0;
17      for(i=0; i<month-1;i++){
18                              //补全代码
19      }
20      if(op==0&&leap==1)  total=158;
21      else if(op==0&&leap==0)  total=157;
22      else if(op==1&&leap==0)  total=157+365;
23      else if(op==1&&leap==1)  total=158+365;
24      n=total-day;
25      printf("距离%d年高考还有%d天\n",    ,    );//补全代码
26      goto ag;
27  }
```

输出结果如下:

```
请输入日期（年-月-日）:
2023-8-15
距离2024年高考还有295天
请输入日期（年-月-日）:
2023-6-1
距离2023年高考还有5天
请输入日期（年-月-日）:
```

上述程序可以实现根据输入的日期,计算距离高考的天数。如果当年过了高考日期,就计算距离下一年高考的天数。分析此程序,填写任务单21。

任务单21:

1. 该程序有几个变量?分析这些变量的含义和类型。

2. 第20~23行的作用是什么?

3. 补全第3行、第4行、第12行、第14行、第18行和第25行的代码。

6.6.4　完整任务

(1) 编写一个程序 vector_chuli,输入数组的长度,给数组赋值,实现三个输出:①输出数组每一个值;②找出最大值及其下标并输出;③输出大于平均值的所有值。程序输出效果如图6-3所示。

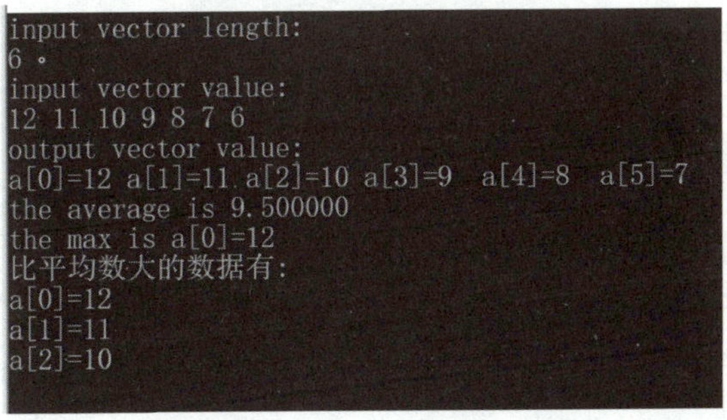

图6-3　数组平均值等功能拓展程序输出效果

(2) 用数组改写超市找零程序,实现可选 50 元、20 元、10 元的优先找零,程序输出效果如图6-4所示。

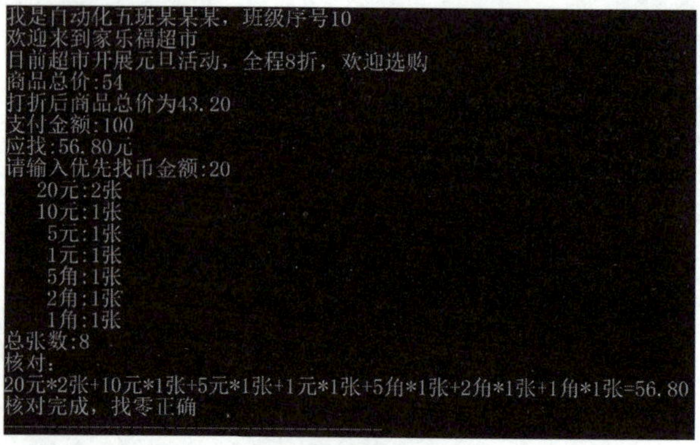

图 6-4　改写超市找零程序输出效果

6.7　学 习 评 价

6.7.1　课后练习

(1) 以下对二维数组 a 的正确说明是(　　　)。

A. int a[3][];　　　B. float a(3,4);　　　C. float a(3)(4);　　　D. double a[1][4];

(2) 若二维数组 a 有 m 列,则在 a[i][j] 前面的元素个数为(　　　)。

A. i * m+j−1　　　　　B. i * m+j　　　　　C. j * m+i　　　　　D. i * m+j+1

(3) 以下选项中,不能正确赋值的是(　　　)。

A. char s1[10];s1="Ctest";　　　　　　　B. char s2[]={'C','t','e','s','t'};

C. char s3[20]="Ctest";　　　　　　　　D. char* s4="Ctest\n"

(4) 以下数组定义中不正确的是(　　　)。

A. int a[2][3];

B. int b[][3]={0,1,2,3};

C. int c[100][100]={0};

D. int d[3][]={{1,2},{1,2,3},{1,2,3,4}};

(5) 以下程序的输出结果是(　　　)。

```
main()
{int a[4][4]={{1,3,5},{2,4,6},{3,5,7}};
  printf("%d%d%d%d\n",a[0][3],a[1][2],a[2][1],a[3][0];)
```

A. 0650　　　　　　　B. 1470　　　　　　　C. 5430　　　　　　　D. 输出值不定

(6) 以下程序的输出结果是(　　　)。

```
main()
{int i,a[10];
  for(i=9;i>=0;i--)a[i]=10-i;
  printf("%d%d%d",a[2],a[5],a[8]);
}
```

A. 258　　　　　　　B. 741　　　　　　　C. 852　　　　　　　D. 369

(7) 若有 int a[3][5]={{2,2},{2,6},{2,6,2}},则数组 a 共有(　　)个元素。

A. 8　　　　　　　　B. 5　　　　　　　　C. 3　　　　　　　　D. 15

(8) 若有 int a[6]={1,2,3,4,5,6};则数值为 4 的元素可以表达为(　　)。

A. a['h'−'c']　　　　B. a[4]　　　　　　C. a[3]　　　　　　D. 以上都不是

(9) 字符串"xyzw"在内存中占用的字节数是(　　)。

A. 6　　　　　　　　B. 5　　　　　　　　C. 4　　　　　　　　D. 3

(10) 以下程序的输出结果是(　　)。

```
main()
{int i,x[3][3]={1,2,3,4,5,6,7,8,9};
   for(i=0;i<3;i++)printf("%d,",x[i][2-i]);
}
```

A. 1,5,9　　　　　　B. 1,4,7　　　　　　C. 3,5,7　　　　　　D. 3,6,9

(11) 数组 a[10]的元素下标下界是(　　),上界是(　　)。

A. 0　　　　　　　　B. 1　　　　　　　　C. 9　　　　　　　　D. 10

6.7.2　自评和周记

根据评价量表认真填写前面的任务单,自评学习成果,并填写 4F 周记。

4F 周记			
1. 学会的 facts (1) 知识点思维导图; (2) 程序卡片; (3) 梳理概念之间的关系,形成概念图	2. 情绪 feelings (1) 正面情绪 1~2 个词,分析该情绪产生的原因; (2) 负面情绪 1~2 个词,分析该情绪产生的原因	3. 发现 findings (1) 清楚学习任务和评价标准吗? (2) 分析情绪产生的原因后,有什么发现? (3) 分析自己是如何写出程序的? (4) 需要什么帮助	4. 计划 futures 　针对前面 3 个 F 的分析,你觉得自己的学习方法是高效的吗? 学习有成就感吗? 针对自己的情况在下周的学习中准备有什么行动或调整,写出较详细的计划

学习单元七 指针应用

7.1 单元描述

指针，作为 C 语言的一大特色，不仅让程序更为简洁、紧凑、高效，更为 C 语言赋予了强大的功能和灵活性，堪称 C 语言的精髓所在。尽管对于初学者而言，指针的概念可能显得有些复杂和难以捉摸，但一旦真正掌握，它将成为编程中的得力助手，让操作变得得心应手。

要深入理解指针，我们得从计算机编程的本质谈起。计算机的核心任务是通过程序对数据进行处理。而这些数据的来源与去向，这些看不见的过程，我们可以通过日常生活中的存取款行为来类比。为了实现在银行的存取款操作，我们首先需要办理一张银行卡。银行卡的种类繁多，各有其特点，这与 C 语言中的变量定义颇为相似，例如 int zhang_3；float li_4；char wang_5[100]；等。有了银行卡，存取款变得异常便捷，整个过程由银行职员处理，我们无须关心资金的具体存放位置。C 语言中的数据操作亦是如此，我们无须深入探究计算机内部的复杂机制，数据的保存和读取变得简单而直接。

然而，这种"甩手掌柜"式的数据管理方式在应对大量数据的保存和读取时，会显得力不从心。因为"银行职员"在处理数据时，不会关注数据间的内在联系，每个数据都会按照既定流程进行处理，这无疑会消耗大量不必要的时间。那么，有没有一种更高效的方法呢？答案是肯定的，那就是 C 语言的指针。指针的本质在于让我们能够直接深入"银行内部"，利用数据间的内在联系，以更快捷的方式保存和读取数据，从而提高计算机的工作效率。

那么，指针究竟是什么呢？它又是如何实现这种"走捷径"的呢？让我们通过一个例子来详细解析。当我们定义一个变量时，计算机会在内存中为其分配一段连续的存储空间，用于保存该变量的值。例如，当我们定义 short i；时，系统会分配 2 个字节的空间来保存变量 i 的值，如图 7-1 所示。这段存储空间的首地址，我们可以称之为该变量的指针。类似地，字符变量 c 的指针就是其存储空间的首地址。因此，C 语言的每个变量都与"值"和"首地址"这两个要素紧密相连。通过首地址，我们可以快速定位到变量的地址，修改或读取变量的值，这正是指针实现"走捷径"的关键所在。

在 C 语言中，数据类型多种多样，如字符、字符串、整型、浮点型、数组、结构体等。当处理大量数据时，编程过程可能会变得复杂而烦琐。然而，所有这些数据的首地址都具有相同的格式，这使得我们可以通过指针来更直接、简单、规范、快捷地访问数据。这正是指针的本质优点所在。当然，指针的优势在处理大批量数据（如数组、结构体等）时更为突出，对于少量简单数据，指针的作用可能并不明显。

在学习指针之前，我们需要明确一点：指针变量只能用于保存普通变量或数组元素的首地址，而不能用于保存数据本身。同样，普通变量或数组元素也只能保存数据，而不能保存地址。这是 C 语言为了维护程序的清晰和稳定而做出的规定。

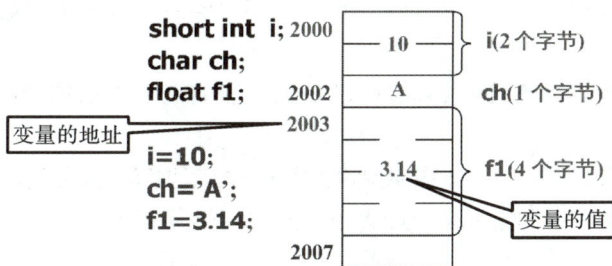

图 7-1　定义变量

　　通过学习本单元的内容,你将能够运用指针来改写之前学过的程序,深入理解指针的使用格式。在熟练掌握指针的概念和使用方法后,你可以尝试编写更复杂的程序,体验指针带来的便捷与高效。希望同学们能够积极应用所学知识,不断提升自己的编程能力和逻辑思维水平。

　　学习之路,贵在坚持。让我们继续前行,探索编程的无穷魅力吧!

7.2　单元目标

　　(1) 通过学习,能够用自己的话描述如下概念或规则:

　　①指针常量、指针变量和指针值;

　　②变量地址和地址运算符 &;

　　③指针变量的声明和初始化;

　　④指针表达式;

　　⑤指针与数组、指针与字符串;

　　⑥指针作为函数参数的使用规则;

　　⑦返回指针变量的函数。

　　(2) 应用学到的概念和规则,编写程序以解决如下问题:

　　①能应用指针变量编写输出某个变量值及其地址的程序;

　　②能应用指针变量编写指针变量运算的程序;

　　③能应用指针变量编写输出一位数组各元素地址的程序;

　　④能应用指针变量编写确定字符串长度的程序;

　　⑤能应用指针变量编写数组求和的程序,以主子程序调用的形式呈现;

　　⑥能应用指针变量作为函数形参编写求两个数较大值的程序,以主子程序调用的形式呈现;

　　⑦能应用指针变量作为函数形参编写交换两个数的程序,以主子程序调用的形式呈现;

　　⑧能应用指针变量作为函数形参编写数组排序的程序,以主子程序调用的形式呈现;

　　⑨能应用指针变量编写超市找零程序。

　　(3) 在学习过程中,培养高效学习方法和自我引导学习习惯,主要体现在:

　　①能认真细致地填写程序卡片,严谨细致编写程序,添加合适的注释,遵循可读性强的编程风格;

　　②遇到困难不轻易放弃,能主动跟同学和老师交流学习疑难问题;

③能察觉学习过程中自己的情绪,能自我排查不良情绪,积极调整心态,进一寸有得一寸的欢喜;

④能承担起小组角色和责任,认真聆听组员的发言,体察他人的情绪,积极参与小组任务,互相学习,共同进步;

⑤能根据任务书和量表,自评知识点和程序编写的掌握情况,清楚自己的学习进展,根据自己的进度合理安排学习计划,在这个过程中能主动寻找资源和帮助,培养自学能力和合作能力。通过自我监控学习过程,逐渐培养自我引导的学习习惯。

7.3 任务列表

在电脑上下载并安装 DEV-C 软件,同时在手机端下载 C 语言编译 App。

学习单元七　任务书				
小组序号和名称		组内角色		
小组成员				
准备任务				
1. 完成上个学习单元的任务书				
2. 完成上个学习单元的作业				
3. 完成上个学习单元的4F周记				
实践任务				
概念或原理	根据量表自评	编程任务	任务类型	根据量表自评
1. 指针常量		1. 指针变量的输出	任务呈现	
2. 指针值		2. 指针变量的运算	任务呈现	
3. 指针变量		3. 指针输出字符串	任务呈现	
4. 变量地址		4. 两数求和的指针函数版	任务呈现	
5. 地址运算符 &		5. 输出指针变量值和地址	任务示范	
6. 指针变量的声明和初始化		6. 指针变量的综合运算	任务示范	
7. 指针表达式		7. 指针获取数组元素地址	任务示范	
8. 指针与数组		8. 使用指针来确定字符串的长度	任务示范	
9. 指针与字符串		9. 用指针做形参实现数组求和	任务示范	

概念或原理	根据量表自评	编程任务	任务类型	根据量表自评
10. 指针作为函数参数		10. 指针作为函数返回值实现求两个数的较大值	任务示范	
11. 函数返回指针		11. 指针变量计算两个数之和	补全任务	
12. 指向函数的指针		12. 指针变量计算数组所有元素之和	补全任务	
		13. 通过指针传递函数参数实现交换两个数的值	补全任务	
		14. 指针变量实现数组排序	补全任务	
		15. 指针变量实现超市找零	补全任务	

编程过程中遇到的故障记录

总结专业英文词汇

概念关系图

7.4 评价量表

	完全掌握—A	基本掌握—B	没有掌握—C
知识点评分量规	能画出每个知识点的思维导图； 能找出相关知识点的关联； 能正确完成专项训练并且说明理由； 错误程序都能修改正确	能画出每个知识点的思维导图； 知识点的关联不太清楚； 专项训练少量题目不会做	知识点内容不太熟悉； 专项训练作业只会做少部分； 不清楚知识点之间的关联
	完全掌握—A	基本掌握—B	没有掌握—C
程序技能评分量规	能独立写出程序,理解每一行代码的含义； 能正确画出程序流程图； 能正确填写变量表； 程序结构很清晰； 程序有必要注释	在同学或老师的帮助下： 能正确编写程序,基本可以看懂程序； 能正确画出程序流程图； 能正确填写变量表； 程序结构较清晰； 程序有少部分注释	看不懂程序,也没有主动寻求帮助； 程序结构不清晰； 程序没有注释

7.5 小组分工

班级		组号		指导老师	
组长		学号			
组员分工	任务分工		姓名	学号	
	绘制知识点思维导图				
	绘制程序框图				
	编写程序				
	记录调试故障				
	记录专英词汇				
	制作学习过程视频				
	分享小组学习成果				

7.6　学习过程

7.6.1　任务呈现

1.【案例 1】　指针变量的输出

```
1  #include<stdio.h>
2  int main()
3  {
4      int i=20,*i_ptr;
5      i_ptr=&i;
6      int y=10,*y_ptr=&y;
7      printf("指针i_ptr和j_ptr分别指向的变量值为%d,%d\n",*i_ptr,*y_ptr);
8      printf("指针i_ptr和j_ptr分别存储的变量地址为%d,%d\n",i_ptr,y_ptr);
9
10 }
```

运行上述程序,填写任务单 1。

任务单 1:

1. 本程序有一个新的数据类型:指针变量。观察程序,分析程序有几个指针变量,写下这些指针变量,试着分析指针变量是如何定义的。

2. 试着分析第 5 行和第 6 行,程序是如何给指针变量赋值的呢?

3. 程序运行结果是:

2.【案例 2】 指针变量的运算

```
1  #include<stdio.h>
2  int main()
3  {
4      int a,b,sum;
5      int *pa=&a,*pb=&b;
6      scanf("%d",pa);
7      scanf("%d",&b);
8      sum=*pa+*pb;
9      printf("sum=%d\n",sum);
10     return 0;
11 }
```

程序运行结果：

运行上述程序，填写任务单 2。

任务单 2：

1. 本程序有两个指针变量，写下这两个指针变量的定义语句和赋值语句。

2. 比较第 6 行和第 7 行，分析第 6 行代码的含义。

3. 本程序有一个指针表达式，是哪一行？将这行代码抄写下来。

3.【案例 3】 指针获取数组元素地址

```
1  #include<stdio.h>
2  int main()
3  {
4      int a[5],*p,i;
5      p=a;
6      printf("1、用&符号获取数组元素地址：\n");
7      for(i=0;i<5;i++){
8          printf("&a[%d]=%d\n",i,&a[i]);
9      }
10     printf("2、用指针获取数组元素地址：\n");
11     for(i=0;i<5;i++){
12         printf("p+%d=%d\n",i,p+i);
13     }
14 }
```

程序运行结果：

运行上述程序,填写任务单3。

任务单3:

1. 本程序有一个指向数组的指针变量,分析程序,写下指向数组的指针是如何初始化的。

2. 比较第8行和第12行,你能分析出p+i代表什么吗?

4.【案例4】　指针输出字符串

程序运行结果:

```
1  #include<stdio.h>
2  int main()
3  {
4      char str1[]="I LOVE CHINA!";
5      char *str2;
6      str2="I LOVE WUHAN!";
7      printf("%s\n",str1);
8      printf("%s\n",str2);
9      printf("%c\n",str1[7]);
10     printf("%c\n",*(str2+7));
11     return 0;
12 }
```

运行上述程序,填写任务单4。

任务单4:

1. 本程序有一个指向字符串的指针变量,分析该指针是如何初始化的。

2. str1和str2分别表示什么数据类型?

3. 要输出字符串和某个字符,str1和str2有什么不同?

5.【案例5】 两数求和的指针函数版

A. 两数求和的指针函数版:

```
1   #include<stdio.h>
2   int add(int *pa,int *pb);
3   int main()
4   {
5       int a,b,sum;
6       scanf("%d%d",&a,&b);
7       sum=add(&a,&b);
8       printf("sum=%d\n",sum);
9       return 0;
10  }
11  int add(int *pa,int *pb)
12  {
13      int sum;
14      sum= *pa+*pb;
15      return sum;
16  }
```

B. 两数求和的非指针函数版:

```
1   #include<stdio.h>
2   int add(int a,int b);
3   int main()
4   {
5       int a,b,sum;
6       scanf("%d%d",&a,&b);
7       sum=add(a,b);
8       printf("sum=%d\n",sum);
9       return 0;
10  }
11  int add(int a,int b)
12  {
13      int sum;
14      sum= a+b;
15      return sum;
16  }
```

对比两数求和的指针函数版程序和非指针函数版程序,填写任务单5。

任务单5:

1. 两个程序都是通过函数调用实现两数求和,说说两个程序的区别。

2. 指针变量可以是形式参数,将 A 程序的 add() 函数的函数声明抄写在下方,加深印象。

3. 对比两个程序的第 7 行,说明当函数的形参是指针变量时,函数调用语句该如何写。

比较案例1~案例5,根据案例1的示范填写任务单6。

任务单6:

指针	案例1	案例2	案例3	案例4	案例5
指向什么	整型变量	整型变量	一维数组	字符串	形式参数
指针定义	int * i_ptr				

续表

指针	案例1	案例2	案例3	案例4	案例5
指针赋值	i_ptr＝&i;				
指针调用/ 函数调用	第7行,＊i_ptr 第8行,i_ptr				
说明	这里列举的5个案例,都用到了指针变量,有的指向整型变量,有的指向一维数组,有的 指向字符串等,不管哪一种,指针变量存放的都是内存地址值,在这个地址里存放指针指 向的变量。对于数组和字符串这样的多个数据,指针变量存放的是数组或字符串的首 地址				

6. 本单元程序结构

本单元的程序具备如下特点:处理的数据量较多,通常是一批数据,正常层级(两层或多层循环),结构复杂(顺序＋选择＋循环),初始状态可灵活设置,可根据需要进行单元化处理,用指针处理批量数据比数组更灵活。本单元的程序结构如图7-2所示。

```
1  #include<stdio.h>
2  int main()
3  {
4      int a[50],*p,i;
5      p=a;
6      ......
7      for(i=0;i<50;i++){
8          ......
9          p++;
10     }
11     ........
12  }
```

图7-2 本单元的程序结构

7.6.2 任务示范

1.【案例6】 输出指针变量值和地址

```
1   #include<stdio.h>
2   int main()
3   {
4       int x=10,y;
5       int *ptr;
6       ptr = &x;
7       y = *ptr;
8       printf("x的值是 %d\n",x);
9       printf("%d 被存储在内存的地址是 %u\n",x,&x);
10      printf("%d 被存储在内存的地址是 %u\n",*&x,&x);
11      printf("%d 被存储在内存的地址是 %u\n",*ptr,ptr);
12      printf("%d 被存储在内存的地址是 %u\n",ptr,&ptr);
13      printf("%d 被存储在内存的地址是 %u\n",y,&y);
14      *ptr = 25;
15      printf("现在x的值是 %d\n",x);
16  }
```

运行并分析上述程序,填写任务单7。

任务单7:

1. 运行该程序,写下输出结果。

2. 该程序定义了一个指针变量,并对该指针变量赋值,请将相关代码抄写下来,并解释功能。

3. 第 7 行的功能是什么?

4. 分析第 8~10 行的代码,说明 x、&x、* &x 分别代表的含义。

5. 分析第 11~12 行的代码,说明 ptr、&ptr、* ptr 分别代表的含义。

6. 第 14 行的功能是什么? 对比第 8 行和第 15 行的输出结果,说说你对指针变量的理解。

【概念规则】 指针

计算机的内存是一系列存储单元的集合,如图 7-3 所示,每个单元(通常为一个字节)有一个称为地址的数字与之关联。通常地址是从零开始依次编号的,最后一个地址的编号取决于内存的大小,一台具有 64KB 内存的计算机,最后一个地址是 65535。

当我们声明一个变量时,系统会在内存中分配适当的存储空间,以保存该变量的值,由于每个字节都有唯一的地址编号,因而内存存储空间都有自己的地址编号,请看下列语句:

int number=179;

该语句指示系统为整形变量 number 分配存储空间,并且把数值 179 存放在其中。假设系统为 number 分配的地址编号为 3000,我们就可以如图 7-4 所示表示该变量(注意,变量的地址指的是变量所占用地址编号的第 1 个字节)。

系统运行时,它总是把变量名 number 与地址 3000 关联,这有点类似于有了房间号就会

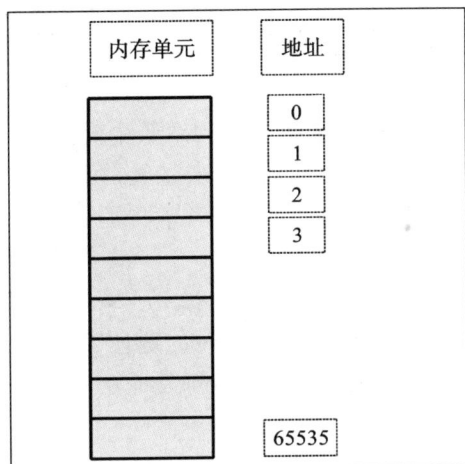

图 7-3　内存的结构

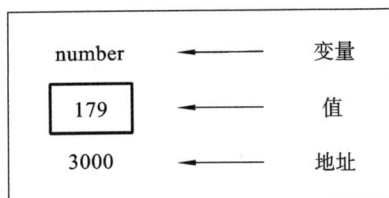

图 7-4　变量的表示

与房间名关联在一起,要访问数值 179,可以使用变量名 number 或者地址 3000。由于内存地址只是编号,因而又可以把它们赋给变量。这种保存内存地址的变量就称为指针变量。因此指针变量只是保存地址的变量,而地址则是另一个变量在内存中的存储位置。

由于指针是一个变量,因而它的值也可以存储在内存的另一个地方。假设我们把变量 number 的地址赋给变量 p,则变量 p 与 number 之间的链接关系如图 7-5 所示,这里假设 p 的地址为 3048。

由于变量 p 的值是变量 number 的地址,这样就可以利用 p 的值来访问 number 的值,因此我们说变量 p"指向"变量 number。p 也就因此得名为"指针"(我们并不关心指针变量的实际值,因为每次运行程序时,指针的值都是会发生变化的,我们关心的是变量 p 与变量 number 之间的关系)。

对指针的理解应建立在图 7-6 所示的 3 个基本概念的基础上。

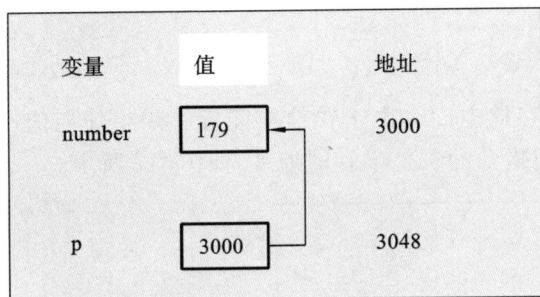

图 7-5　指针变量

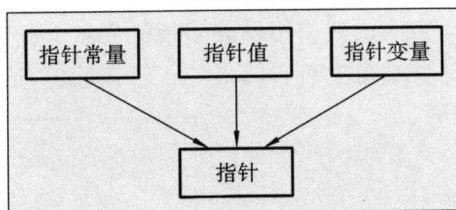

图 7-6　指针相关的 3 个基本概念

计算机的内存地址称为指针常量,我们不能修改它们,只能用来存储数据值,它们就像房间号一样。

我们不知道计算机会分配哪个内存地址来保存变量,只能利用地址运算符(&),通过 &＋变量名(比如:&number)获得保存变量(number)的地址的值。这样获得的值称为指针值,指针值(也就是变量的地址)在程序每次运行时都会发生变化。因此我们关心的不是指针的值,而是指针指向哪个变量,即指针与变量的关系。

一旦有了指针值,就可以把它存储在另一个变量中。包含指针值的变量就称为指针变量。

【概念规则】 访问变量的地址 &

变量在内存中的实际地址与具体的系统有关,因而我们并不能立即知道某个变量的地址,那么我们如何确定变量的地址呢? 这可以利用 C 语言的地址运算符 & 来完成,在 scanf 函数中我们已经见过地址运算符 & 的使用方法了,位于变量之前的地址运算符,将返回该变量的地址,例如语句:

```
p=&number;
```

把地址 3000(number 的地址)赋给变量 p,地址运算符可以记作"······的地址"。

运算符 & 只能用于单个变量或数组元素,下面的地址运算符使用示例是非法的:

- &125;//错误,指向的是常量
- int x[10];

  &x;//错误,指向的是数组名
- &(x+y);//错误,指向的是表达式

如果 x 为数组,那么下面的表达式是合法的:

&x[0]and &x[i+3]

它们分别表示数组 x 中第 0 个和第(i+3)个元素的地址。

【概念规则】 指针变量的声明和初始化

指针变量的声明如下所示:

数据类型 *指针变量名

例如,语句:

```
int*p;
```

把变量 p 声明为指针变量,指向整型数据。注意,类型 int 表明 p 指向的变量为整型,而不是指针值的类型。同样,语句:

```
float*x;
```

把 x 声明为指向浮点变量的指针。

声明语句使编译器为指针变量 p 和 x 分配存储空间。由于存储空间没有赋给任何值,因而这些变量中包含的是一些未知的值,这样它们指向的也是未知的地址,如图 7-7 所示。

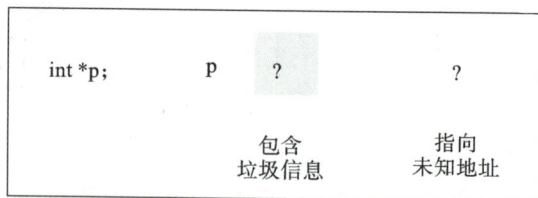

图 7-7 指向未知地址的指针

由于所有未初始化的指针的值都是未知的,这些值同样会被解释为内存地址。它们不是有效的内存地址,也可能指向错误的值,而编译器不会检测这种错误,因此,在程序中使用指针之前,把它们初始化是很重要的。把变量的地址赋给指针变量的过程称为初始化。

指针变量一旦声明,就可以使用赋值运算符来进行初始化。例如:

```
int sum;
int*p;
p=&sum;
```

也可以把初始化和声明组合在一起,下面的语句是允许的:

```
int*p=sum;
```

这里唯一的要求是变量 sum 必须在初始化之前就已经声明过。注意,上面的语句是初始化 p,而不是 * p。

必须确保指针变量总是指向相应的数据类型。例如,下面的语句:

```
float a,b;
int x,*p;
p=&a;            //wrong
```

将产生错误输出,因为该语句试图把 float 类型的变量的地址赋给整型指针。由于编译器不会检测这种错误,因而应小心避免错误的指针赋值。

还可以在一条语句中同时进行数据变量的声明、指针变量的声明和指针变量的赋值。例如下面语句是完全合法的:

```
int x,*p=&x;            //right
```

而下面的语句则是不合法的:

```
int*p=&x,x;            //wrong
```

同样,可以在定义指针变量时带有初始值 NULL 或零。下面的语句是合法的:

```
int*p=NULL;
int*p=0;
```

除了 NULL 和零外,其他常量不能赋给指针变量。下面的语句是错误的:

```
int*p=5230;
```

指针非常灵活,可以在不同的语句中使用同一个指针指向不同的数据变量,如图 7-8 所示;也可以使用不同指针指向同一数据变量,如图 7-9 所示。

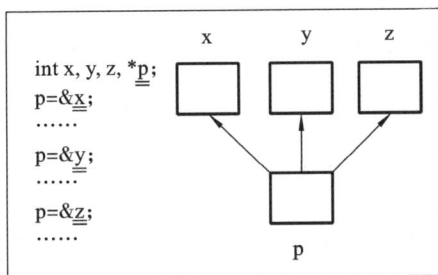

图 7-8　指针指向不同数据变量

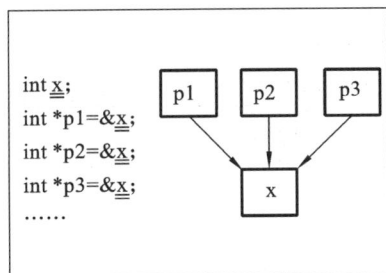

图 7-9　不同指针指向

一旦把变量的地址赋给指针后,接下来就是如何使用指针来访问变量的值,这可以用一元运算符 *(星号)来实现,通常称它为间接运算符。请看下面语句:

```
int number,*p,n;        //把 number 和 n 声明为整型变量,p 为指向整数的指针变量
number=179;             //把整数 179 赋值给变量 number
p=&number;             //把 number 的地址赋给指针变量 P
n=*p;                  //把指针变量 p 指向的整型变量的值赋给 n
```

这里 * p 返回的是变量 number 的值,因为 p 保存的是变量 number 的地址。 *(星号)可以记作"存储地址所保存的值"。因此 n 的值是 179。下面两条语句:

p=&number;

n=*p;

等价于:

n=* &number;

反过来,它又等价于:

n=number;

可以把一个指针指向另一个指针,从而形成如下所示的指针链:

其中,指针变量 p2 包含的是指针变量 p1 的地址,而 p1 指向的地址存储了目标值。

指向指针的指针变量必须在名称的前面添加额外的间接运算符。例如:

int * * p2;//p2 是指向 int 类型的指针的指针

注意,p2 不是指向整数的指针,而是指向整型指针的指针。请看下面的代码:

```
1  #include<stdio.h>
2  int main()
3  {
4      int x,*p1,**p2;   // 指针链
5      x = 100;
6      p1 = &x;
7      p2 = &p1;
8      printf("%d",**p2);
9  }
```

上面的代码将显示值 100。

【专项训练】 根据指针变量的定义、引用和初始化说明,填写任务单 8。

任务单 8:

请指出下面语句中的错误(如果有)	说明原因
1. int x=10;	
2. int* y=10;	
3. int a,*p=&a;	
4. int*p,x; *p=&x;	
5. int*p=&x,x;	
6. int m; int **p=m;	
7. int**p1,*p2; p2=&p1;	

2.【案例 7】 指针变量的综合运算

```
1   #include<stdio.h>
2   int main()
3   {
4       int a,b,*p1,*p2,x,y,z;
5       a=12;b=4;
6       p1 = &a;
7       p2 = &b;
8       x = *p1 * *p2-6;
9       y = 4 * -*p2 / *p1 + 10;
10      printf("Address of a = %d\n",p1);
11      printf("Address of b = %d\n",p2);
12      printf(" a = %d,b = %d\n",a,b);
13      printf(" x = %d,y = %d\n",x,y);
14      *p2 = *p2 + 3;
15      *p1 = *p2 - 5;
16      z = *p1 * *p2 - 6;
17      printf(" a = %d,b = %d,",a,b);
18      printf(" z = %d\n",z);
19  }
```

分析上面程序的功能,填写任务单 9。

任务单 9:

1. 运行该程序,写下输出结果。

2. 该程序定义了两个指针变量,并对该指针变量赋值,将相关代码抄写下来,并解释功能。

3. 第 8~9 行包含指针的运算,说明这两个表达式的计算过程。

4. 第 10~11 行输出的是什么? 从结果分析,你的计算机 int 数据占几个字节?

5. 第 12 行和第 17 行两次 a 和 b 的输出结果一样吗? 如果不同请说明原因。

【概念规则】 指针表达式和比例因子

与其他表达式一样,指针变量也可以用于表达式中。例如案例 7 程序中的第 8～9 行以及第 14～16 行,注意,在第 8 行和第 9 行语句中/和 ∗ 之间有一个空格,对比如下两行语句,不难发现编译器会把/∗ 认为是注释的开始,因此/和 ∗ 之间必须有一个空格,不然就是错误语句。

```
9     y = 4 * -*p2 / *p1 + 10;
10    y = 4 * -*p2 /*p1 + 10;
```

C 语言允许对指针与整数进行加减运算,也可以在两个指针之间进行减法运算。例如,p1＋4、p2－2 和 p1－p2 都是允许的。如果 p1 和 p2 指向相同的数组,那么 p2－p1 将给出 p1 与 p2 之间的元素数目。

也可以对指针使用快捷运算符。例如:p1++、－－p2、sum＋＝ ∗ p2。

除了上面介绍的算术运算符之外,还可以使用关系运算符进行指针的比较,比如 p1＞p2、p1＝＝p2 和 p1！＝p2 都是允许的。但是,指向不同或无关联变量的指针之间的比较是没有意义的,比较常用于处理数组和字符串。

指针不可以用于除法或乘法运算。例如,p1/p2 或 p1 ∗ p2 或 p1/3 这样的表达式是不合法的。

类似的,不能对两个指针变量进行加法操作。换言之,p1＋p2 是非法操作。

我们知道,指针变量可以进行如下递增:

p1＝p2＋2;

p1＝p1＋1;

但需要记住的是,下列表达式:

p1++;

表示指针 p1 指向其类型的下一个值。例如,如果 p1 为整型指针,初始值为 2800,那么经过 p1＝p1＋1 运算后,p1 的值为 2804,而不是 2801。也就是说,当指针进行递增时,所增加的值为该指针指向的数据类型的“长度”。这种长度就称为比例因子。

用来存储不同数据类型的字节数取决于具体的系统,并且可以使用 sizeof 运算符来得到,可以用下列程序来测试你的电脑不同数据类型的字节数,图 7-10 是作者电脑的测试结果。

```
p1 = 6487572
now p1 = 6487576
sizeof(char) = 1
sizeof(int) = 4
sizeof(double) = 8
sizeof(float) = 4
sizeof(long) = 4
```

图 7-10 作者电脑的
测试结果

```
1   #include<stdio.h>
2   int main()
3   {
4       int a=10,*p1=&a;
5       printf("p1 = %d\n",p1);
6       p1 = p1+1;
7       printf("now p1 = %d\n",p1);
8       printf(" sizeof(char) = %d\n",sizeof(char));
9       printf(" sizeof(int) = %d\n",sizeof(int));
10      printf(" sizeof(double) = %d\n",sizeof(double));
11      printf(" sizeof(float) = %d\n",sizeof(float));
12      printf(" sizeof(long) = %d\n",sizeof(long));
13  }
```

【**专项训练**】　根据指针变量表达式的运算规则,填写任务单10。

任务单10:

给定如下声明语句:
int x=10,y=10;
int* p1= &x,* p2= &y;
指出下列表达式的值将是多少
	表达式的值

1.　(*p)++	
2.　--(*p)	
3.　*p1+*p2--	
4.　++(*p2)-*p1	

5. 允许对指针变量进行哪些算术运算? 不允许进行哪些算术运算?

6. 允许对指针变量进行关系运算吗? 进行关系运算时指针变量常指向什么?

7. 什么是比例因子,比例因子和指针变量之间有什么关系? 通过你的电脑测试出来 char、int、double、float 和 long 的数据长度分别是多少?

3.【案例8】　指针获取数组元素地址

```
1   #include<stdio.h>
2   int main()
3   {
4       int a[5],*p,i;
5       p = a;
6       printf("(1)利用数组名获取数组元素地址\n");
7       for(i=0;i<5;i++){
8           printf("&a[%d]=%x\n",i,&a[i]);
9       }
10      printf("(2)利用指针获取数组元素地址\n");
11      for(i=0;i<5;i++){
12          printf("p+%d=%p\n",i,p+i);
13      }
14  }
```

分析上述程序功能,填写任务单11。

任务单 11:

1. 运行该程序,写下输出结果。

2. 该程序定义了一个指向数组的指针变量,将相关代码抄写下来,并解释功能。

3. 根据程序结果,分析第 8 行和第 12 行 %x 和 %p 的区别。

4. 请分析该程序中 a、p、&a[i] 和 p+i 的区别。

5. 下列程序是利用数组名给数组赋值,将第 16 行修改为用指针为数组赋值。

```
14 |     printf("(1)利用数组名给数组赋值\n");
15 |     for(i=0;i<5;i++){
16 |         scanf("%d",&a[i]);
17 |     }
18 |     for(i=0;i<5;i++){
19 |         printf("a[%d]=%d\n",i,a[i]);
20 |     }
```

【概念规则】 指针与数组

当声明数组时,编译器在连续的内存空间分配基本地址和足够的存储空间,以容纳数组的所有元素。基本地址是数组的第一个元素(索引为 0)的存储位置。编译器还把数组名定义为指向第一个元素的常量指针。假设声明如下 x 数组:

x[5]={1,2,3,4,5};

假设 x 的基本地址为 1000,并假设每个整数需要 4 个字节的存储空间,于是 x 数组的 5 个元素的存储如图 7-11 所示。

x 定义为指向第一个元素 x[0] 的常量指针。因此 x 的值为 1000,x[0] 就存储在其中。于是:

x=&x[0]=1000;

如果把 p 声明为整型指针,那么通过如下赋值语句,就可以使指针 p 指向数组 x:

p=x;

这等价于:

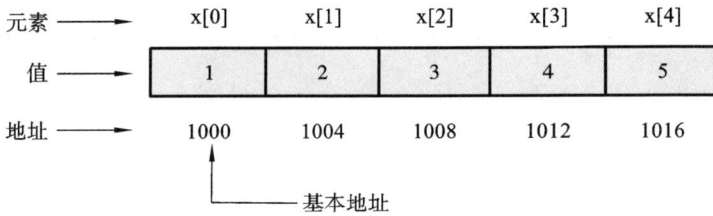

图 7-11　数组的存储形式

p=&x[0];

现在我们就可以利用 p++从一个元素移到另一个元素,从而可以访问 x 数组中的每一个值了。p 与 x 的关系如下所示:

p=&x[0]　(=1000)

p+1=&x[1]　(=1004)

p+2=&x[2]　(=1008)

p+3=&x[3]　(=1012)

p+4=&x[4]　(=1016)

元素的地址是通过索引和数据类型的比例因子来计算的。例如:

x[3]的地址=基本地址+(3 * 整型数据的比例因子)=1000+3 * 4=1012

要处理数组时,就可以不用数组索引,而是用指针来访问数组元素。注意,*(p+3)等于 x[3]的值。指针访问法比数组索引快很多。

指针同样可以用来操作二维数组。我们知道,在一维数组 x 中,表达式:

*(p+i)或 *(x+i)表示元素 x[i]。

同样的,在二维数组中,可以用如下指针表达式:

((p+i)+j)或 *(*(a+i)+j)来表示元素 a[i][j]。

图 7-12 演示了上述表达式是如何表示元素 a[i][j]的。

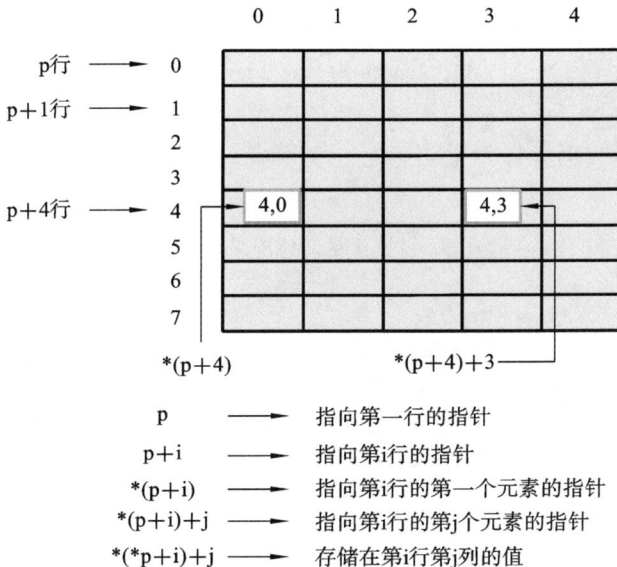

p	→	指向第一行的指针
p+i	→	指向第i行的指针
*(p+i)	→	指向第i行的第一个元素的指针
*(p+i)+j	→	指向第i行的第j个元素的指针
((p+i)+j)	→	存储在第i行第j列的值

图 7-12　指向二维数组的指针

237

假设如下声明数组 a：

```
int a[3][4]={  {15,27,11,35},
               {22,19,31,17},
               {31,23,14,26}  };
```

数组 a 的存储如图 7-13 所示。

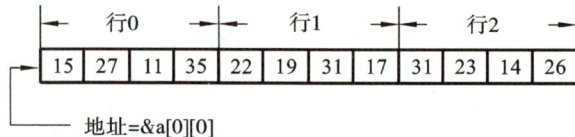

图 7-13　数组 a 的存储

如果把 p 声明为整型指针，并且初始地址为 &a[0][0]，那么：

a[i][j]=*(p+4*i+j)

可以注意到，如果 i 递增 1，那么 p 就递增 4，即递增每行的大小。因此元素 a[2][3] 就可以这样给定：*(p+2*4+3)＝*(p+11)。这就是为什么在声明二维数组时，必须指定每行大小的原因，这样编译器就可以确定正确的存储映射了。

4.【案例 9】　使用指针来确定字符串的长度

```
1  #include<stdio.h>
2  int main()
3  {
4      char *name;
5      name = "wuhan";
6      int length;
7      char *p = name;
8      printf("%s\n",name);
9      while(*p != '\0'){
10         printf("%c is stored at AD %d\n",*p,p);
11         p++;
12     }
13     length = p - name;
14     printf("length of the string = %d",length);
15 }
```

分析上述程序功能，填写任务单 12。

任务单 12：

1. 第 4～5 行定义了一个什么类型的变量，该变量的作用是什么？

2. 可以用一个数组存放字符串，用数组变量改写第 4～5 行。

3. 第 7 行定义了一个什么类型的变量,它和第 4 行中的变量有什么关系?

4. 第 9～12 行的作用是什么?

5. 第 13～14 行的作用是什么?

【概念规则】　指针与字符串

在数组学习中,字符串可以看成字符数组,因此,可以如下声明和初始化:

char str[5]="good";

编译器自动在字符串的末尾插入空字符'\0'。

C 语言支持另一种创建字符串的方法,即使用 char 类型的指针变量。例如:

char *str="good";

上述声明语句创建了一个文本字符串,然后将其地址保存在指针变量 str 中。这样指针 str 就指向字符串"good"的第一个字符,如图 7-14 所示。

也可以使用赋值语句来给字符串指针赋值。例如:

char *str;

str="good";

注意,赋值语句不是字符串的复制,因为变量 str 是指针而不是字符串,该赋值语句是把字符串的首地址存入字符串变量 str 中。

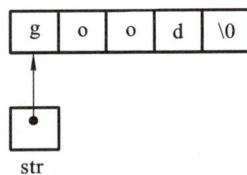

图 7-14　指针 str 指向字符串 "good"的第一个字符

记住,尽管 str 为指向字符串的指针,但它仍然是字符串的名称,因此在使用 printf 或 puts 函数显示字符串的内容时,不需要使用运算符 *,如下所示:

printf("%s",str);

puts(str);

与一维数组一样,也可以使用指针来访问字符串中的单个字符。

指针的一项重要应用就是处理字符串表。请看下面的字符串数组:

char name[3][25];

这表明 name 是一个表,含有 3 个名称,每个名称的最大长度为 25 个字符(包括空字符)。

存储 name 表所需的总空间为 75 个字符。

我们知道,字符串的长度很少是等长的。因此,我们不必使每行的字符数固定,可以用指针来指向变长的字符串。例如,下面的语句:

```
char *name[3]={
                "China",
                "American",
                "Australia"
                };
```

把 name 声明为指向字符的 3 个指针的数组,每个指针指向特定的名称,如下所示:

name[0] ⟶   China

name[1] ⟶   American

name[2] ⟶   Australia

上面的声明语句只分配了 25(6+9+10)个字符,这足以保存所有字符。

下面的语句可以用来显示这 3 个名称:

for(i=0;i<=2;i++)

printf("%s\n",name[i]);

要访问第 i 个名称的第 j 个字符,可以这样编写语句:

*(name[i]+j)

行的长度可变的数组称为"凹凸不平的数组",用指针来处理更佳。

请记住 *p[3] 和 (*p)[3] 这两种表示法的区别。由于运算符 * 比[]的优先级更低, *p[3]表示的是把 p 声明为具有 3 个指针变量的数组,[]的优先级更高,所以 *p[3]最终是一个数组,这个数组里面包含了 3 个指针变量;而(*p)[3]则表示把 p 声明为指向含有 3 个元素的数组的指针,()的优先级更高,所以(*p)[3]最终是一个指针,这个指针指向含有 3 个元素的数组。

5.【案例 10】 用指针做形参实现数组求和

程序 A:

```
1  #include<stdio.h>
2  int sum(int p[],int n) ;
3  int main()
4  {
5      int a[5]={0,1,2,3,4},s;
6      s=sum(a,5);
7      printf("数组元素之和为: %d\n",s);
8  }
9  int sum(int p[],int n)
10 {
11     int i,t=0;
12     for(i=0;i<n;i++){
13         t+=p[i];
14     }
15     return t;
16 }
```

程序 B:

```
1  #include<stdio.h>
2  int sum(int *p,int n) ;
3  int main()
4  {
5      int a[5]={0,1,2,3,4},s;
6      s=sum(a,5);
7      printf("数组元素之和为: %d\n",s);
8  }
9  int sum(int *p,int n)
10 {
11     int i,t=0;
12     for(i=0;i<n;i++,p++){
13         t+=*p;
14     }
15     return t;
16 }
```

分析上述程序功能,填写任务单 13。

任务单 13：

1. 程序 A 和程序 B 的函数声明、函数调用和函数主体分别是哪几行？

2. 对比程序 A 和程序 B，你发现了什么？

3. 程序 B 的第 12～14 行可以用程序 A 的第 12～14 行替换吗？请说明原因。

4. 运行程序，写下两个程序的运行结果。

5. 如果程序 B 的第 11、12 行之间增加一行代码 ＊（p＋2）＝10，运行程序后，结果有改变吗？请说明原因。

【概念规则】　指针作为函数参数

当把地址传递给函数时，接收地址的参数必须是指针。使用指针传递变量地址的函数调用过程称为"引用调用"，传递变量实际值的过程称为"按值调用"。按"引用调用"的函数可以修改在调用中使用的变量的值。请看下面这段代码：

```
1    #include<stdio.h>
2    void change(int *p);
3    int main()
4    {
5        int x=20;
6        printf("before:x=%d\n",x);
7        change(&x);
8        printf("after:x=%d\n",x);
9    }
10   void change(int *p)
11   {
12       *p = *p +10;
13   }
```

程序运行结果：

```
before:x=20
after:x=30
```

当调用 change 函数时,传递给函数 change 的是变量 x 的地址而不是值。在函数 change 的内部,变量 p 声明为指针,因此 p 是变量 x 的地址。下列语句:

*p=*p+10;

意为"把 10 与地址 p 中存储的值相加"。由于 p 表示的是 x 的地址,因此 x 的值从 20 变为 30。这样,上述语句的输出就是 30,而不是 20。

从上面可以知道,引用调用提供一种机制,让被调用函数可以修改调用函数中存储的值,这种调用机制又称为"地址调用"或"指针调用"。

上面介绍的是利用函数处理单个数据,如果利用函数来处理批量数据时,注意,这时实参是数组,形参可以是数组也可以是指针,实参、形参之间传递的是地址。形参和实参共同占有一段内存,在函数执行过程中形参元素值发生变化,则实参元素值也会随之改变。

6.【案例 11】 指针作为函数返回值实现求两个数的较大值

```c
1  #include<stdio.h>
2  int *large(int *x,int *y) ;
3  int main()
4  {
5      int *p,i,j;
6      printf("请输入两个整数: ");
7      scanf("%d %d",&i,&j) ;
8      p = large(&i,&j);
9      printf("第一个数为%d, 存储地址为%x\n",i,&i);
10     printf("第二个数为%d, 存储地址为%x\n",j,&j);
11     printf("较大的数为%d, 存储地址为%x\n",*p,p);
12 }
13 int *large(int *x,int *y)
14 {
15     if(*x>*y)return x;
16     else return y;
17 }
```

分析上述程序功能,填写任务单 14。

任务单 14:

---

1. 函数声明、函数调用和函数主体分别是哪几行?

---

2. 函数 large 接收的形参是什么?返回的值是什么?

【概念规则】 将指针作为函数的返回值

一个函数可以返回一个整数值、字符值、实型值等,也可以返回指针型的数据,即地址。其概念与之前类似,只是返回的值的类型是指针类型而已。

定义返回指针值的函数的一般形式为:

类型标识符 * 函数名(形参列表);

如:int * f(int * x,int * y);

其中:f是函数名,x、y是形参;函数的返回值为整型指针类型,也就是地址类型;返回的地址必须是调用函数中变量的地址,而不是指向被调用函数中局部变量的地址。

7.6.3　补全任务

1.【案例 12】　指针变量计算两个数之和

不完整程序:

```
1   #include<stdio.h>
2   int main()
3   {
4       int a,b,s;
5                        //补全
6       pa = &a;
7       pb = &b;
8       scanf("%d,%d",        ) ;     //补全----用整型变量a输入
9   /*  scanf("%d,%d",        ) ;     //补全----用指针变量输入    */
10      s =          ;               //补全----用指针变量求和
11      printf("s=%d+%d=%d\n",   ,   ,s);//补全----用指针变量输出
12  }
```

程序运行结果:

```
56,78
s=56+78=134
```

上述程序可以通过指针变量访问的方式计算两个数之和。分析该程序,填写任务单15。

任务单15:

1. 根据程序运行结果,补全第5行、第8~11行。

2. 该程序定义了2个指针变量,并对这些指针变量赋值,将相关代码抄写下来,并解释功能。

3. 第8行还可以用变量a、b实现,写下输入变量值的两种语句,通过对比你得到什么结论?

4. 第9行代码的含义是什么? 对比说明 * pa、a、&a、pa 的含义。

2.【案例13】 指针变量计算数组所有元素之和

不完整程序：

```
1    #include<stdio.h>
2    int main()
3    {
4        int x[5]={5,9,6,7,1};
5        int *p=x,sum,i=0;
6        printf("Element\tValue\tAddress\n");
7        while(i<5){
8            printf(           ); //补全
9            sum = sum +    ;        //补全
10           p++,i++;
11       }
12       printf("\nSum = %d\n",    ); //补全
13       printf("\n&x[0] = %d\n",&x[0]);
14       printf("\np = %d\n",p);
15       return 0;
16   }
```

程序运行结果：

```
Element  Value    Address
x[0]       5      6487536
x[1]       9      6487540
x[2]       6      6487544
x[3]       7      6487548
x[4]       1      6487552

Sum = 28

&x[0] = 6487536

p = 6487556
```

上述程序可以通过指针变量访问的方式计算数组中所有元素之和。分析该程序，填写任务单16。

任务单16：

1. 该程序有几个变量？分析这些变量的含义和类型。

2. 补全第8行、第9行和第12行。

3. 第10行中 p++ 的作用是什么？

4. 第14行最后输出 p 值还指向数组元素吗？如果要避免使用循环控制变量i，应如何修改程序？

3.【案例 14】 通过指针传递函数参数实现交换两个数的值

不完整程序：

```
1   #include<stdio.h>
2                           //补全代码
3   int main()
4   {
5       int x=100,y=200;
6       printf("before:x = %d y = %d\n",x,y);
7                           //补全代码
8       printf("after:x = %d y = %d\n",x,y);
9       return 0;
10  }
11  void exchange(int *a,int *b)
12  {
13      int t;
14                      //补全代码
15                      //补全代码
16                      //补全代码
17  }
```

程序运行结果：

```
before:x = 100 y = 200
after:x = 200 y = 100
```

上述程序使用指针传递函数参数，实现交换两个数的值。分析该程序，填写任务单 17。

任务单 17：

1. 该程序包含了一个交换两个数的子函数，函数原型、函数调用和函数主体分别是哪几行？

2. 当形式参数是指针时，观察第 7 行函数调用的实参是地址还是值。

3. 如果在第 5～6 行之间加入语句 int * px＝&x，*py＝&y；第 7 行用指针变量，该如何改写程序？

4.【案例 15】 指针变量实现数组排序

程序 A（数组当形参）：

```
1   #include<stdio.h>
2   void sort(int m,int x[]);
3   int main()
4   {
5       int i;
6       int marks[5] = {40,90,73,81,55};
7       printf("Marks before sorting\n");
8           for(i=0;i<5;i++){
9               printf("%4d",marks[i]);
10          }
11      printf("\n");
12
13      sort(5,marks);
14      printf("Marks after sorting\n");
15          for(i=0;i<5;i++){
16              printf("%4d",marks[i]);
17          }
18      printf("\n");
19      return 0;
20  }
21  void sort(int m,int x[])
22  {
23      int i,j,t;
24      for(i=0;i<m-1;i++)
25          for(j=1;j<m-i;j++){
26              if(x[j-1]>x[j]){
27                  t=x[j-1];
28                  x[j-1]=x[j];
29                  x[j]=t;
30              }
31          }
32  }
```

程序 B（指针当形参）：

```
1   #include<stdio.h>
2   void sort(          );      //补全代码
3   int main()
4   {
5       int i;
6       int marks[5] = {40,90,73,81,55};
7       int *p=marks;          //
8       printf("Marks before sorting\n");
9           for(i=0;i<5;i++,p++){
10              printf("%4d",     ); //补全代码
11          }
12      printf("\n");
13      p=marks;
14      sort(5,p);
15      printf("Marks after sorting\n");
16          for(i=0;i<5;i++,p++){
17              printf("%4d",    ); //补全代码
18          }
19      printf("\n");
20      return 0;
21  }
22  void sort(int m,int *x)
23  {
24      int i,j,t;
25      for(i=0;i<m-1;i++)
26          for(j=1;j<m-i;j++){
27              if(          ){    //补全代码
28                  t=     ;       //补全代码
29                      ;          //补全代码
30                      =t;        //补全代码
31              }
32          }
33  }
```

上述程序可以使用函数来给整数数组排序，程序 A 是使用数组来传递参数，程序 B 是使用指针来传递参数，请根据程序 A 补全程序 B，填写任务单 18。

任务单 18：

---

1. 程序 A 的函数声明、函数调用和函数主体分别是哪几行？

---

2. 程序 B 第 7 行的作用是什么？

3. 对比程序 A 的第 13 行和程序 B 的第 14 行,你有什么发现(不管是数组还是指针函数,形参传递的都是地址还是数值)?

4. 程序 B 第 13 行的作用是什么?

5. 补全程序 B 的第 2 行、第 10 行、第 17 行及第 27~30 行。

5.【案例 16】 指针变量实现超市找零

```c
1  #include<stdio.h>    // 声明标准输入输出库函数
2  int main(void)       //----------主函数
3  { //=============程序输入===============
4     float fk=0,xf=0;                    // 定义浮点类变量,缓存付款金额、消费金额
5     long zn;                            // 定义长整型变量,缓存应找金额
6     int y[13];                          // 定义整型变量,缓存13种法定货币的数量
7     int f[13]={10000,5000,2000,1000,500,200,100,50,20,10,5,2,1};
8     char xs[13][6]={"100元","50元","20元","10元","5元","2元","1元","5角","2角","1角","5角","2分","1分"};
9     char st,kk;                         // 定义字符型变量,缓存付款状态: 不足、正好、超出
10    int *py,*pf; char *pxs;             // 定义3个指针变量
11    //-----------------输入---------- 以上为预处理,定义程序所需要的变量
12    for(;;){                            // 形成无限循环结构,此行为起点
13      printf("input sxf: ");            // 打印" 请输入消费金额" 提示行
14        scanf("%f",&xf);                // 输入" 消费金额" 计算机存储器
15        printf("---------%f\n",xf);     // 从计算机存储器提取" 消费金额" 回显给客户
16      printf("input fk: ");             // 打印" 请输入付款金额" 提示行
17        scanf("%f",&fk);                // 输入" 付款金额" 到计算机存储器
18        printf("---------%f\n",fk);     // 从计算机存储器提取" 付款金额" 回显给客户
19      //---------------程序处理------- 以上为数据输入,把要做事情相关的数据告诉计算机
20      zn=(long)((fk-xf)*100);           // 计算应找金额,去掉小数,转换为分
21      if(zn<0){ st=0; printf("sorry!\a owe=%.2f\n",fk-xf);}} // 付款不足标记st=0,报警显示" 欠款金额"
22      else if(zn==0){ st=1; printf("ok,thanks!\n"); }        // 付款正好,标记st=1,显示" 谢谢 "
23      else{ st=2; printf("应找零%.2f元\n",fk-xf); }           // 付款超出,标记st=2,显示" 多余款额 "
24      //-----------------------------以上为计算应找金额算法
25      py=y; pf=f;                       // py指向数组y[13], py指向数组f[13]
26      if(st==2) {                       // 如果有" 多余款额 ",计算找零货币种类和数量
27        for(kk=0;kk<13;++kk){
28                                        // 补全代码,计算找币张数
29        }
30        //-------------------------- 以上为找零算法(找零货币数量最少),只唯一结果
31        py=y; pxs=xs[0];               // py指向数组y[13], pxs指向数组xs[13][6]
32        for(kk=0;kk<13;++kk){
33                                        //补全代码,打印输出找零结果
34                                        //补全代码,指向下一元素
35        }
36      }
37      printf("\n\n");                   // 消除最后的逗号、换行 以上为打印找零结果
38    }                                   //无限循环的终点
39  }
```

前面用循环和函数都编写过超市找零程序,学习了指针后,可以用指针来编写超市找零程序,补全上述程序的第 27、32、33 行。

7.7 学习评价

7.7.1 课后练习

1. 判断题

(1) 指针常量是内存空间的地址。（　　　）

(2) 指针变量使用地址运算符来声明。（　　　）

(3) 指针变量的基本类型为 void。（　　　）

(4) "指向指针的指针"表示的是某个指针的内容是另一个指针的地址。（　　　）

(5) 可以把指向浮点数的指针转换为指向整型的指针。（　　　）

(6) 整数可以与指针相加。（　　　）

(7) 两个指针不能做减法运算。（　　　）

(8) 两个指针不能做加法运算。（　　　）

(9) 当把数组作为参数传递给函数时,实际传递的是指针。（　　　）

(10) 在函数头中,指针不能用作形参。（　　　）

(11) 指针变量中包含的值是另一个变量的地址。（　　　）

(12) * 运算符与指针一起用于间接引用包含在指针中的地址。（　　　）

(13) & 运算符返回的是其操作数指向的变量的值。（　　　）

2. 选择题

(1) 变量的指针,其含义是指该变量的(　　　)。

A. 值　　　　　　　　B. 名　　　　　　　　C. 地址　　　　　　　　D. 标志

(2) 若有语句 int * point,s=4;和 point=&s;下面均代表地址的一组选项是(　　　)。

A. s,point, *&s　　　　　　　　　　　　B. & *s,&s, *point

C. *&point, *point,&s　　　　　　　　　D. &s,& *point,point

(3) 设有定义:int n1=0,n2, * p=&n2, * q=&n1;以下赋值语句中与 n2=n1;语句等价的是(　　　)。

A. *p= *q;　　　　B. p=q;　　　　C. *p=&n1;　　　　D. p= *q;

(4) 若有定义:int x=0, * p=&x;,则语句 printf("%d\n", * p);的输出结果是(　　　)。

A. 随机值　　　　B. 0　　　　C. x 的地址　　　　D. p 的地址

(5) 以下定义语句中正确的是(　　　)。

A. char a= 'A'b= 'B';　　　　　　　　B. float a=b=10.0;

C. int a=10, *b=&a;　　　　　　　　　D. float *a,b=&a;

(6) 有以下程序

```
main()
```

```
{int a=7,b=8, *p, *q, *r;
p=&a;q=&b;
r=p;p=q;q=r;
printf("%d,%d,%d,%d\n", *p, *q,a,b);
}
```
程序运行后的输出结果是(　　)。

A. 8,7,8,7　　　　B. 7,8,7,8　　　　C. 8,7,7,8　　　　D. 7,8,8,7

(7) 设有定义:int a, * pa=&a;以下 scanf 语句中能正确为变量 a 读入数据的是(　　)。

A. scanf("%d",pa);　　　　　　B. scanf("%d",a);

C. scanf("%d",&pa);　　　　　　D. scanf("%d",*pa);

(8) 设有定义:int n=0, * p=&n, * * q=&p;则以下选项中,正确的赋值语句是(　　)。

A. p=1;　　　　B. *q=2;　　　　C. q=p;　　　　D. *p=5;

(9) 有以下程序
```
void fun(char *a,char *b)
{a=b;(*a)++;}
main()
{char c1='A',c2='a', *p1, *p2;
p1=&c1;p2=&c2;fun(p1,p2);
printf("%c%c\n",c1,c2);}
```
程序运行后的输出结果是(　　)。

A. Ab　　　　　B. aa　　　　　C. Aa　　　　　D. Bb

(10) 已定义以下函数
```
fun(int *p)
{return *p;}
```
该函数的返回值是(　　)。

A. 不确定的值　　　　　　　　B. 形参 p 中存放的值

C. 形参 p 所指存储单元中的值　　D. 形参 p 的地址值

(11) 下列函数定义中,会出现编译错误的是(　　)。

A. max(int x,int y,int *z)
```
{ *z=x>y? x:y;}
```
B. int max(int x,y)
```
{int z;
x>y? x:y;
return z;}
```
C. max(int x,int y)
```
{int z;
x>y? x:y;return(z);}
```
D. int max(int x,int y)
```
{return(x>y? x:y);}
```

（12）有以下程序段

```
main()
{int a=5,*b,**c;
c=&b;b=&a;……}
```

在执行了c＝&b;b＝&a;语句后,表达式:＊＊c 的值是(　　)。

A. 变量 a 的地址　　B. 变量 b 中的值　　C. 变量 a 中的值　　D. 变量 b 的地址

7.7.2　自评和周记

根据评价量表认真填写前面的任务单,自评学习成果,并填写 4F 周记。

4F 周记			
1. 学会的 facts （1）知识点思维导图; （2）程序卡片; （3）梳理概念之间的关系,形成概念图	2. 情绪 feelings （1）正面情绪 1～2 个词,分析该情绪产生的原因; （2）负面情绪 1～2 个词,分析该情绪产生的原因	3. 发现 findings （1）清楚学习任务和评价标准吗? （2）分析情绪产生的原因后,有什么发现? （3）分析自己是如何写出程序的? （4）需要什么帮助	4. 计划 futures 　针对前面 3 个 F 的分析,你觉得自己的学习方法是高效的吗? 学习有成就感吗? 针对自己的情况在下周的学习中准备有什么行动或调整,写出较详细的计划

学习单元八 结 构 体

8.1 单 元 描 述

结构体是 C 语言中支持的一种特殊数据类型,它作为一种简便工具,用于处理一组逻辑上相关的数据项,能够有效地组织复杂数据。那么,究竟什么是结构体? 它与一般的数据类型又有何不同呢?

在 C 语言中,事先定义了一些基本数据类型,如 int、float、double、char 等,这些数据类型能够让我们在程序中定义变量,解决一般问题。然而,当面临更复杂的问题时,这些基本数据类型往往无法满足需求,此时就需要借助构造数据类型来解决问题。

结构体正是这种构造的数据类型。虽然数组可以表示一组相同类型的数据项,但对于包含不同类型数据项的集合,就不能简单使用数组了。例如,在表 8-1 中,学生马晓霞的信息包含了字符类型的姓名、整数类型的年月日以及浮点数类型的成绩分数。此时,C 语言中的结构体就能派上用场,它允许我们处理一组逻辑上相关的不同类型数据项。

表 8-1 学生马晓霞的信息

姓名	出生年	出生月	出生日	成绩
马晓霞	2005	12	14	85.7

结构体是一种封装不同类型数据的机制,它可以被视为一个属性集,通过一个名称来代表这组不同类型的数据集合。这是一个功能强大的概念,在程序设计中被广泛应用。

在学习结构体之前,有一点需要牢记:结构体在使用之前必须先定义其格式,即声明结构体的类型,然后再声明结构体的变量。这与数组的使用方式有所不同。

完成本单元的学习后,你将能够利用结构体变量处理各种复杂数据,包括数据的存储、引用、比较和按条件查找。希望通过本单元的学习,同学们能够掌握结构体变量的使用,以及结构体数组在处理逻辑相关数据采集、存储、引用和查找方面的应用,比如输入学生信息并查找打印出成绩最高的学生的信息等。通过编写程序,不断提升自己逻辑思维的严谨性和细致性。

学习之路,需要坚持不懈,让我们继续前行!

8.2 单 元 目 标

(1) 通过学习,能够用自己的话描述如下概念或规则:
① 结构体类型的定义;

②结构体变量的定义；

③结构体变量引用和初始化方法；

④结构体数组变量的定义和初始化；

⑤结构体数组变量的引用；

⑥结构体函数。

（2）应用学到的概念和规则，编写程序以解决如下问题：

①能应用结构体变量编写采集学生成绩信息并显示的程序；

②能应用结构体变量编写显示学生信息的程序；

③能应用结构体变量编写结构体数组数据采集、引用和计算的程序；

④能应用结构体变量和结构体函数编写采集一组学生的信息并输出最高分数信息的程序。

（3）在学习过程中，培养高效学习方法和自我引导学习习惯，主要体现在：

①能认真细致地填写程序卡片，严谨细致编写程序，添加合适的注释，遵循可读性强的编程风格；

②遇到困难不轻易放弃，能主动跟同学和老师交流学习疑难问题；

③能察觉学习过程中自己的情绪，能自我排查不良情绪，积极调整心态，进一寸有得一寸的欢喜；

④能承担起小组角色和责任，认真聆听组员的发言，体察他人的情绪，积极参与小组任务，互相学习，共同进步；

⑤能根据任务单和量表，自评知识点和程序编写的掌握情况，清楚自己的学习进展，根据自己的进度合理安排学习计划，在这个过程中能主动寻找资源和帮助，培养自学能力和合作能力。通过自我监控学习过程，逐渐培养自我引导的学习习惯。

8.3 任务列表

在电脑上下载并安装 DEV-C 软件，同时在手机端下载 C 语言编译 App。

学习单元八　任务书			
小组序号和名称		组内角色	
小组成员			
准备任务			
1. 完成上个学习单元的任务书			
2. 完成上个学习单元的作业			
3. 完成上个学习单元的 4F 周记			

概念或原理	根据量表自评	编程任务	任务类型	根据量表自评
实践任务				

概念或原理	根据量表自评	编程任务	任务类型	根据量表自评
1. 结构体类型		1. 结构体采集学生信息并显示	任务呈现	
2. 结构体变量		2. 结构体显示学生信息	任务呈现	
3. 结构体变量成员赋值和地址		3. 结构体嵌套显示学生信息	任务呈现	
4. 结构体变量的声明和初始化		4. 采用结构体变量输出3名学生的体重和身高信息	任务示范	
5. 结构体嵌套定义		5. 采用结构体数组输出3位同学的信息	任务示范	
6. 结构体变量引用		6. 结构体数组和结构体函数采集并输出学生信息	任务示范	
7. 结构体数组变量		7. 采集电机状态并判定工作状态	补全任务	
8. 结构体数组变量定义和初始化		8. 结构体函数采集学生信息并计算平均分	补全任务	
9. 结构体数组变量的引用		9. 输出 N 个学生中的最高分同学信息	完整任务	
10. 结构体函数的定义和调用				

编程过程中遇到的故障记录

续表

总结专业英文词汇

概念关系图

8.4 评价量表

	完全掌握—A	基本掌握—B	没有掌握—C
知识点评分量规	能画出每个知识点的思维导图； 能找出相关知识点的关联； 能正确完成专项训练并且说明理由； 错误程序都能修改正确	能画出每个知识点的思维导图； 知识点的关联不太清楚； 专项训练少量题目不会做	知识点内容不太熟悉； 专项训练作业只会做少部分； 不清楚知识点之间的关联
	完全掌握—A	基本掌握—B	没有掌握—C
程序技能评分量规	能独立写出程序，理解每一行代码的含义； 能正确画出程序流程图； 能正确填写变量表； 程序结构很清晰； 程序有必要注释	在同学或老师的帮助下： 能正确编写程序，基本可以看懂程序； 能正确画出程序流程图； 能正确填写变量表； 程序结构较清晰； 程序有少部分注释	看不懂程序，也没有主动寻求帮助； 程序结构不清晰； 程序没有注释

8.5　小组分工

班级		组号		指导老师	
组长		学号			
组员分工	任务分工		姓名	学号	
	绘制知识点思维导图				
	绘制程序框图				
	编写程序				
	记录调试故障				
	记录专英词汇				
	制作学习过程视频				
	分享小组学习成果				

8.6　学习过程

8.6.1　任务呈现

1.【案例1】　结构体采集学生信息并显示

```
1  #include<stdio.h>
2  struct student
3  {
4      char name[20];
5      int year;
6      int month;
7      int day;
8      float score;
9  };
10 int main()
11 {
12     struct student stu1;
13     printf("请输入学生信息\n");
14     scanf("%s %d %d %d %f",stu1.name,&stu1.year,&stu1.month,&stu1.day,&stu1.score) ;
15     printf("%s %d %d %d %f",stu1.name,stu1.year,stu1.month,stu1.day,stu1.score);
16 }
```

案例1
程序讲解视频

扫码观看案例1程序讲解视频,填写任务单1。

任务单 1:

1. 本程序有一个新的构造数据类型:结构体变量。观察程序,分析结构体类型 student,定义类型的关键字是 struct,写下第 4 行到第 8 行的程序所包含的数据类型种类,试分析结构体类型是如何定义的。

2. 试着分析第 12 行,程序是如何定义结构体变量的呢?

3. 如果第 14 行从键盘获取的信息是"马晓霞"2005　12　14　84.7,那么程序运行结果是什么?

4. 观察第 14、15 行程序,分析一下结构体变量成员的引用形式。

2.【案例 2】　结构体显示学生信息

```
1  #include<stdio.h>
2  struct student
3  {
4      char name[20];
5      int year;
6      int month;
7      int day;
8      float score;
9  };
10 int main()
11 {
12     struct student stu1={"马晓霞",2004,12,14,85.7};
13     printf("%s %d %d %d %f",stu1.name,stu1.year,stu1.month,stu1.day,stu1.score);
14 }
```

分析上述程序功能,填写任务单 2。

任务单 2:

1. 写下该程序运行结果。

2. 观察程序,写下该程序定义的结构体变量名,说出该结构体类型有几个成员,写下每个成员的数据类型。

3. 观察程序第 13 行,抄写该行代码,分析结构体变量成员的引用方式。

3.【案例 3】 结构体嵌套显示学生信息

```
1   #include<stdio.h>
2   struct date
3   {
4       int year;
5       int month;
6       int day;
7   };
8   struct student
9   {
10      char name[20];
11      struct date bir;
12      float score;
13  };
14  int main()
15  {
16      struct student stu1={"马晓霞",{2005,12,14},85.7};
17      printf("学生信息: %s %d %d %d %f",stu1.name,stu1.bir.year,stu1.bir.month,stu1.bir.day,stu1.score);
18  }
```

分析上述程序功能,填写任务单 3。

任务单 3:

1. 写下该程序运行结果。

2. 观察程序,说出程序定义了几个结构体类型,写出它们的类型名。

3. 观察程序第 8～13 行,分析结构体 student,说出该结构体有几个成员,写下每个成员所属的数据类型。

4. 本程序中有一个结构体定义其成员中含也有结构体,即结构体嵌套,请将这段代码抄写下来。

5. 和案例 2 程序进行比较,说出这两个程序的异同。

比较案例 1～案例 3,根据案例 1 的示范填写任务单 4。

任务单 4:

相关概念	案例 1	案例 2	案例 3

结构体类型定义	struct strtyname
	{
	   ...cyname1;
	   .....
	   ...cynameN;
	};		

结构体变量定义	struct student stu1;		
结构体变量的初始化和赋值	scanf("%s %d %d %d %f",stu1.name, &stu1.year, &stu1.month, &stu1.day, &stu1.score);		
结构体成员的引用	printf("%s %d %d %d %f",stu1.name, stu1.year, stu1.month, stu1.day, stu1.score);		

4. 本单元程序结构

本单元的程序具备如下特点:采用结构体数据类型来处理数据,处理的数据类型通常不是单一的,需要定义结构体变量。定义结构体变量之前先构造结构体类型(使用关键字 struct),构造的结构体类型中包含成员的数据类型和成员名。结构体变量需要先定义了,才能初始化和引用,成员引用的格式为结构体变量名.成员名。具体的程序结构如图 8-1 所示。

```
1  #include<stdio.h>
2  struct strtyname
3  {
4      .... cyname1;
5      ......
6      ...   cynameN;
7  };
8  int main()
9  {
10     struct strtyname strname;
11     .........
12     .....strname.cynameN....;
13 }
```

图 8-1　本单元的程序结构

8.6.2　示范任务

1.【案例 4】　采用结构体变量输出 3 名学生的体重和身高信息

```
1  #include<stdio.h>
2  struct strecord
3  {
4      int weight;
5      float height;
6  }stu1={68,180.15};
7  int main()
8  {
9      int num=3;
10     struct strecord stu2={65,175.15};
11     struct strecord stu3;
12     printf("请输入学生stu3的信息\n");
13     scanf("%d  %f",&stu3.weight,&stu3.height) ;
14     printf("请输入想获取学生的序号（1~3）\n");
15     scanf("%d",&num);
16     switch(num)
17     {case 1:
18     printf("%1d号学生信息为：%3d  %.2f",num,stu1.weight,stu1.height);break;
19     case 2:
20     printf("%1d号学生信息为：%3d  %.2f",num,stu2.weight,stu2.height);break;
21     case 3:
22     printf("%1d号学生信息为：%3d  %.2f",num,stu3.weight,stu3.height);break;
23     default:    printf("请输入正确的序号\n");
24     };
25 }
```

运行并分析上述程序,填写任务单 5。

任务单 5:

1. 观察第 2~6 行,该段程序构造了一个结构体数据类型 strecord,同时直接定义了结构体变量 stu1,并直接对变量赋初值,请将相关代码抄写下来。

2. 第 10 行的功能是什么? 说明结构体变量在什么情况下可以直接整体赋值。

3. 分析第 11～13 行代码,说明结构体变量 stu3 的初始化赋值方式。

4. 运行程序,先输入学生 3 的信息"50,165.30",再输入学生序号信息"2",写下程序最后运行的结果。

5. 第 18、20、22 行的功能是什么?

6. 分析结构体变量 stu1、stu2、stu3,说说这些结构体变量的引用格式。

【概念规则】 结构体类型的定义

C语言允许用户自己建立由不同类型数据组成的复合型数据结构,称为结构体(structure)。结构体是构造类型数据,它与数组的区别在于其中的成员可以不是同一种数据类型。结构体除了结构体变量需要定义后才能使用外,其类型本身也需要定义。结构体由若干"成员"组成,每个成员可以是一个基本的数据类型,也可以是一个已经定义了的构造类型。

每个结构体都有一个名字,称为结构体名,所有成员都组织在该名字之下。一个结构体由若干成员组成,每个成员的数据类型可以相同,也可以不同。每个成员都有自己的名字,称为结构体成员名。具体定义如图 8-2 所示。

```
struct    <结构体类型名>           // struct 为结构体类型关键字
{    <类型名 1>   <成员变量名 1>;
     <类型名 2>   <成员变量名 2>;     结构体类型成员列表
     ......
     <类型名 n>   <成员变量名 n>;
};
```

图 8-2   结构体类型的定义

struct 为结构体类型关键字,是结构体类型说明的标识,不能省;结构体类型名是由用户指定的,又称"结构体标记",大括号内是该结构体所包括的子项,即结构体成员。结构体类型中的各个成员变量用大括号{}括起来,并以分号";"结束。大括号后面的分号不能少,因为这是一条完整的语句。其中成员的"类型名"可以是各种基本数据类型、数组,也可以是已说明的结构体类型;"成员变量名"是每一个成员变量的名称。

对于表 8-1 中学生马晓霞的信息,有姓名,可以用字符型数据存放;有出生年月日,可以用整型数据存放;有成绩,可以用浮点型数据存放。因此,我们可以定义这样一个结构体类型:

```
struct student
{
    char name[20];
    int year;
    int month;
    int day;
    float score;
};
```

结构体类型定义描述结构的组织形式,不分配内存。

结构体的嵌套,是指一个结构体类型中包含结构体类型的成员项。

案例 3 中的这段程序:

```
struct date
{
    int year;
    int month;
    int day;
};
```

```
struct student
{
    char name[20];
    struct date bir;
    float score;
};
```

定义的 struct date 结构体类型包含 3 个成员项：year、month 和 day，接着定义的 struct student 结构体类型包含 3 个成员项，其中 name 和 score 是基本类型，而 bir 是 struct date 类型。所以，这种结构体定义就属于嵌套的结构体定义。

【概念规则】 结构体变量的定义

结构体变量的定义有三种不同的形式。

第一种形式：先定义结构体类型，之后定义结构体变量。如案例 1、2、3 中，首先定义 struct student 的结构体类型，包含 3 个成员项，再利用 struct student 的结构体类型定义变量 stu1，属于 struct student 的结构体类型，它自己也有 3 个成员项。还可以利用宏定义 ♯define STUDENT struct student 将其中的 student 替换为 STUDENT，两种程序代码功能是完全一致的。

```
struct
{
    int num;
    char name[20];
    char sex;
    int age;
    float score;
}stu1，stu2；
```

图 8-3　省略结构体类型名定义
结构体变量案例图

第二种形式：在定义结构体类型的同时定义结构体变量。如在案例 4 中，先定义 struct student 结构体类型，再在右大括号后面接着定义结构体变量 stu1，最后以分号结束说明 stu1 属于这种结构体。

第三种形式：在定义结构体时直接定义结构体变量。结构体类型的名称可以省略。如图 8-3 所示，只给出 struct 关键字，接着给出 5 个成员项，紧跟着定义 2 个变量 stu1、stu2。

【概念规则】 结构体变量的初始化和引用

（1）初始化形式。

在定义结构体变量的同时，可以对其进行赋值，即对其初始化。其一般格式为：

struct　结构体名　结构体变量名　＝｛初始数据｝；

其中，数据与数据之间用逗号隔开；数据的个数要与被赋值的结构体成员的个数相等；数据类型要与相应结构体成员的数据类型一致。如案例 1、2 程序中的 struct student stu1＝｛"马晓霞"，2004，12，14，85.7｝；

当定义的结构体类型含有嵌套式，其初始化也要和定义保持一致，如案例 3 程序中的 struct student stu1＝｛"马晓霞"，｛2005，12，14｝，85.7｝；

对于结构体变量的初始化，可以在定义结构体类型的时候直接定义变量并赋值，如案例 4 程序第 6 行中的变量 stu1；也可以在单独定义的时候直接赋值，如案例 4 程序第 10 行中的 stu2；还可以先定义变量，后面再对成员单个赋值。必须注意的是，赋值时必须按照定义的顺序对应赋值，并且变量只有在定义的同时可以对其整体进行一次性初始化赋值，这个规则和数组类似。

（2）结构体变量的引用。

结构体变量的使用是通过对其每个成员的引用来实现的。要对结构体变量进行赋值、存取或运算，实质上是对结构体成员的操作。访问结构体变量的成员，需使用"成员运算符"（也称"圆点运算符"），结构体变量的引用的一般形式如下：

结构体变量名.成员名

其中，"."是结构体的成员运算符，它在所有运算符中优先级最高。因此，上述引用结构体成员的写法可以作为一个整体看待。结构体变量中的每个成员都可以像同类型的普通变量一样进行各种运算。

【专项训练】　根据结构体变量的定义、引用和初始化说明，填写任务单6。

任务单6：

请指出下面语句中的错误（如果有）	说明原因

1. struct date
{
　　int year;
　　int month;
　　int day;
}	

2. student stu1={"马晓霞",2004,12,14,85.7};	
3. struct　stu1={"马晓霞",{2005,12,14},85.7};	
4. scanf("%s %d %d %d %f",stu1.name,stu1.year, stu1.month,stu1.day,stu1.score);	
5. stu1={"马晓霞",2004,12,14,85.7};;	

2.【案例5】　采用结构体数组输出3位同学的信息

```
1  #include<stdio.h>
2  struct student
3  {
4      char name[20];
5      int year;
6      int month;
7      int day;
8      float score;
9  };
10 struct student stu[3]={
11     {"马晓霞",2005,12,14,85.7},
12     {"张强",2005,6,14,92.5},
13     {"李四",2006,2,19,47},
14 };
15 int main()
16 {
17     int i;
18     for(i=0;i<3;i++)
19     {
20         if(stu[i].score>90)
21         printf("name=%s bir:%d %d %d  score=%f\n",stu[i].name,stu[i].year,stu[i].month,stu[i].day,stu[i].score);
22     }
23 }
```

案例5
程序讲解视频

扫码观看案例 5 程序讲解视频,填写任务单 7。

任务单 7:

---

1. 运行该程序,写下输出结果。

---

2. 该程序定义了结构体数组变量,并对该数组变量赋值,将相关代码抄写下来,并分析结构体数组定义和初始化的过程。

---

3. 第 21 行包含结构体数组成员的引用,观察结构体数组成员引用的方式,说出它和普通数组引用的相同点和不同点。

【概念规则】 结构体数组

数组元素的类型可以是任意类型,只要所有元素的类型相同即可。显然,数组元素的类型可以是结构体类型,这样的数组就是结构体数组。前面定义的结构体变量 stu1 描述了 1 个学生的信息,如果我们想描述 3 个学生的信息,显然定义一个长度为 3 的结构体数组是更合适的选择,如案例 5 程序中的 stu[3]。

(1)结构体数组的定义。

当数组数据元素的类型为结构体类型时,该数组就是结构体类型的数组。结构体数组的每一个数据元素都是具有相同结构体类型的下标结构体变量。

定义结构体数组的一般形式为:

struct 结构体类型名 结构体数组名[数组长度];

如案例 5 程序第 10 行中对 stu[3]的定义。

(2)结构体数组的初始化。

结构体数组初始化的方法与其他类型数组初始化的方法相同,只是数组中的每个元素都是结构体变量。定义数组的时候,数组长度可以不指定。编译时,系统根据给出初值的结构体常量的个数来确定数组元素的个数。一个结构体常量应包括结构体中全部成员的值。在定义结构体数组时,也可以对其进行初始化赋值,如案例 5 程序中的第 10~14 行所示。

(3)结构体数组的引用。

对结构体数组的引用通过逐个引用数组元素来实现。因为每个数组元素都是一个结构体变量,所以前述对结构体变量的引用方法都适用于结构体数组元素。如案例 5 程序的第 21行,其一般形式为:结构体数组名[数组成员下标].成员名。

3.【案例6】　结构体数组和结构体函数采集并输出学生信息

```
1    #include<stdio.h>
2    struct strecord
3    {
4        int weight;
5        float height;
6    };
7    struct strecord input()
8    {
9        struct strecord s;
10       printf("请输入学生信息:\n");
11       scanf("%d  %f",&s.weight,&s.height) ;
12       return s;
13   }
14   int main()
15   {
16       struct strecord stu[3];
17       int j;
18       for(j=0;j<3;j++)
19       {
20           stu[j]=input();
21       }
22       for(j=0;j<3;j++)
23       {
24         printf("%3d %3.2f\n",stu[j].weight,stu[j].height);
25       }
26           return (0);
27   }
```

分析案例6程序功能,填写任务单8。

任务单8:

1. 分析程序第7～13行的 input 函数,说出该函数的返回值 s 是什么数据类型,该数据类型在哪里定义的。

2. 说出 input 函数实现的功能,并将该函数程序抄写下来。

3. 分析程序第18～21行,说出该段程序实现了什么功能。

4. 如果采集的输入信息分别为 68　180.15、65　175.15、50　165.30,写出程序运行的结果。

5. 分析对比该程序和案例 4 程序,说出这两个程序的相同点和不同点。

【概念规则】 结构体类型的函数

同其他类型数据一样,结构体类型数据也可以作函数参数。函数之间结构体类型数据的传递和其他类型数据一样,是单向的"值传递"方式。

函数的返回值除了可以是基本数据类型的数据外,还可以是结构体类型的数据,若函数返回值的类型是结构体类型,则称该函数为结构体类型函数。其一般定义形式如下:

$$struct\ 结构体类型名\ 函数名(形参列表)$$

```
{
函数体
}
```

其中,结构体类型必须是已定义的。

如案例 6 程序中,需要输入 3 名同学的信息,如果按照案例 4 程序中的方式,3 个同学都采集的话就需要将 scanf 函数语言重复写 3 次,如果采集 10 名同学就要重复写 10 次,这里采用 input 函数,可以直接用函数值对结构体变量赋值,然后在主程序中使用一个循环语句,将 input 函数作为循环体,就可以直接将采集的结构体变量依次赋值给结构体数组成员,大大简化了程序。

8.6.3 补全任务

1.【案例 7】 采集电机状态并判定工作状态

不完整程序:

```
1    #include<stdio.h>
2    struct motor
3    {
4
5
6
7    }motorN={220,0.3,66};
8    int main()
9    {
10
11       printf("请输入电机工作电压、电流和功率信息\n");
12
13
14       {
15          printf("电机未工作在额定状态,请立即停止检修\n");
16       }
17       printf("电机电压%dV  电机电流%fA 电机功率%fW ",motor1.voltage,motor1.current,motor1.power);
18    }
```

案例 7
程序讲解视频

程序运行结果：

```
请输入电机工作电压、电流和功率信息
220 0.25 67
电机未工作在额定状态，请立即停止检修
电机电压220V　电机电流0.250000A 电机功率67.000000W
```

扫码观看案例 7 程序讲解视频，填写任务单 9。

任务单 9：

1. 仔细观察第 7 行、第 17 行和程序运行结果，补全第 4、5、6、10、12、13 行的代码。

2. 该程序定义了 1 个结构体变量 motorN，并对该结构体变量的成员直接赋了初值。将第 2～7 行代码抄写下来，并说明结构体变量直接赋值的格式。

3. 观察第 17 行的代码，说明 motor1 是什么变量。分析第 10 行的作用是什么，并补全代码。

4. 第 11 行代码的含义是什么？补全第 12 行代码。

5. 第 15 行代码的含义是什么？观察运行结构并分析采集的电机状态参数在什么情况下可能会被判定为不在额定工作状态？补全第 13 行代码。

6. 整段程序中有 2 个结构体变量，分别写出它们的名字，并说出两个变量在定义和赋值上的区别，总结结构体变量定义和赋值的方式。

2.【案例8】 结构体函数采集学生信息并计算平均分

```
1   #include<stdio.h>
2   struct student
3   {
4       char name[20];
5       float score[3];
6       float average;
7   };
8   struct student input()
9   {
10
11      int i=0;
12      float sum=0;
13      printf("enter 3 score:");
14      for(i=0;i<3;i++)
15      {
16          scanf("%f",&s.score[i]);
17          sum=sum+s.score[i];
18      }
19
20      return s;
21  };
22  int main()
23  {
24      struct student stu[3];
25      int j;
26      for(j=0;j<3;j++)
27      {
28
29          printf("enter name:");
30
31      }
32      printf("平均成绩: \n");
33      for(j=0;j<3;j++)
34      {
35              printf("%10s %10.1f\n",stu[j].name,stu[j].average);
36      }
37  }
```

案例 8
程序讲解视频

程序运行结果:

```
enter 3 score:88 99 77
enter name:张怡
enter 3 score:98 95 90
enter name:黎明
enter 3 score:80 76 80
enter name:张珊
平均成绩:
    张怡         88.0
    黎明         94.3
    张珊         78.7
```

扫码观看案例8程序讲解视频,填写任务单10。

任务单 10：

1. 分析第 8~21 行的 input 函数，该程序的范围值 s 是什么数据类型？补全第 10 行代码。

2. 继续分析 input 函数，说出 sum 变量的作用；接着分析 s 的成员项 average，说出它和 sum 的关系，补全第 19 行代码。说明函数 input 能够实现的功能。

3. 观察第 29 行代码，补全第 30 行代码。

4. 观察整个程序，分析程序第 26~30 行的作用，补全第 28 行代码。

8.6.4　完整任务

【案例 9】　输出 N 个学生中的最高分学生信息

扫码观看案例 9 程序讲解视频，编写程序实现以下要求：
（1）构建一个结构体，其中包括学生的姓名、年龄和一门课的成绩；
（2）建立结构体数组；
（3）通过键盘输入全班（不大于 10 人）学生的信息；
（4）输出班上成绩最高同学的姓名、年龄和成绩。
该程序运行结果如图 8-4 所示。

案例 9
程序讲解视频

```
请输入班级人数(不大于10):
4
请输入第1个学生的姓名、年龄及成绩信息
王怡 20 89
请输入第2个学生的姓名、年龄及成绩信息
悠然 20 79
请输入第3个学生的姓名、年龄及成绩信息
南山 20 93
请输入第4个学生的姓名、年龄及成绩信息
月熙 19 76
成绩最优秀的是第3个学生：名字：南山 年龄 20　成绩　　　93.00
--------------------------------
Process exited after 145.3 seconds with return value 0
请按任意键继续. . .
```

图 8-4　案例 9 程序运行结果

8.7 学习评价

8.7.1 课后练习

(1) 关于结构体变量的定义,说法错误的是( )。

A. 可以先定义结构体类型,之后定义结构体变量

B. 在定义结构体类型的同时定义结构体变量

C. 在定义结构体时直接定义结构体变量,结构体类型名可以省略

D. 只有 A、B 可以,C 不行

(2) 关于结构体类型定义,说法错误的是( )。

A. struct 为结构体的类型关键字

B. 结构体中的各个成员变量用大括号{}括起来,以分号";"结束

C. 结构体类型名是由用户指定的,又称为"结构体标记"

D. 结构体成员的类型名只能是各种基本数据类型、数组,而不能是已说明的结构体类型

(3) 访问结构体变量时,以下格式正确的是( )。

A. 结构体变量名. 成员名 　　　　　　B. 结构体变量名

C. 成员名 　　　　　　　　　　　　D. 结构体变量名[下标]

(4) 以下对结构体变量 stu1 中成员 age 的合法引用是( )。

```
#include<string.h>
struct student
{
    int age;
    int num;
}stu1;
```

A. age 　　　　　　　　　　　B. student. age

C. stu1. age 　　　　　　　　　D. student. stu1. age

(5) 已知一段程序如下(设整型 2 字节,字符型 1 字节,浮点型 4 字节):

```
struct
{int i;
int  j;
char b;
float a;}stu;
```

则 sizeof(stu)的值是( )。

A. 6 　　　　　　B. 7 　　　　　　C. 8 　　　　　　D. 9

(6) 根据下面的定义,能输出 John 的语句是( )。

```
struct student
{
```

```
char name[8];
int age;
}
struct person STU[5]={"John",17,"Paul",19,"Mary",18,"Adam",16};
```
A. printf("%s\n",STU[1].name);　　B. printf("%s\n",STU[2].name);
C. printf("%s\n",STU[3].name);　　D. printf("%s\n",STU[0].name);

（7）根据下面的定义,能从键盘读取 person 的姓名信息的语句是（　　）。
```
struct personal
{
char name[8];
int age;
}person;
```
A. scanf("%d",person.name);　　B. scanf("%d",&person.name);
C. scanf("%s",person.name);　　D. scanf("%s",&person.name);

8.7.2　自评和周记

根据评价量表认真填写前面的任务单,自评学习成果,并填写 4F 周记。

4F 周记			
1. 学会的 facts （1）知识点思维导图; （2）程序卡片; （3）梳理概念之间的关系,形成概念图	2. 情绪 feelings （1）正面情绪 1～2 个词,分析该情绪产生的原因; （2）负面情绪 1～2 词,分析该情绪产生的原因	3. 发现 findings （1）清楚学习任务和评价标准吗? （2）分析情绪产生的原因后,有什么发现? （3）分析自己是如何写出程序的? （4）需要什么帮助	4. 计划 futures 针对前面 3 个 F 的分析,你觉得自己的学习方法是高效的吗?学习有成就感吗?针对自己的情况在下周的学习中准备有什么行动或调整,写出较详细的计划

附　录

续表